歴史文化ライブラリー

161

夏が来なかった時代

歴史を動かした気候変動

桜井邦朋

吉川弘文館

目次

リンゴの花が七月に咲いた――プロローグ

1　リンゴの花が七月に咲いた

開花日から気候変動を見る

春先に花を咲かせる草や木の開花日は、開花の時期の暖かさに強く左右される。例年にくらべて、気温が高く暖かい日々が開花期のころにつづくと開花日が早くなるし、その逆に気温が低く寒い日がつづくと開花日は平年にくらべて遅くなる。去年（二〇〇二年）の春は、例年にくらべて暖かく、桜の開花が一〇日から二週間も早かった。

春先に咲く花々の開花日は、冬から春への移行期の気温の変化に大変に敏感で、数日の変動を常にともなっている。したがって、この開花日の変動に関する記録を長期にわたって調べることにより、春先の気候がどのように推移したかについて、実際に明らかにすることができる。

十七世紀半ばごろから十八世紀初めにかけての半世紀あまりの時代は、気候が著しく寒冷化していたが、この時代を通じて、当時の首都であった京都では桜の開花日が、現在の平均的な開花日にくらべて一週間から二週間とかなり遅れていた。この寒冷化した時代は、アメリカのエディによって「マウンダー極小期」（Maunder Minimum）と名づけられたが、この桜の開花日の遅れを、気候の寒冷化の傍証に、彼は採用しているのである。

ウィンチェスターのリンゴ祭り

アメリカの首都ワシントンは、わが国の水沢市《みずさわし》（岩手県）とほぼ同じ緯度にある。この首都のあるコロンビア特別区に対し、ポトマック川を挟んで南に広がるヴァージニア州の西の端に、人口が一万五〇〇〇ほどのウィンチェスターとよばれる小さな都市がある。この都市の周辺にはリンゴ園が広がっており、リンゴの開花期にあたる五月半ばには“Apple Festival”（リンゴ祭り）という催しがある。アメリカに住んでいたとき何回か私も見物にでかけた。イギリスでもリンゴの開花期は五月で、わが国やアメリカと大きなちがいはない。

ところが、十八世紀後半の一七七五年に生まれたジェイン・オースティンは、彼女のいろいろな作品の翻訳を通じてわが国でもよく知られた作家だが、『エマ』（*Emma*）と題した作品の中で、リンゴの花が七月に咲いたと書いていたのである。この記述に対して彼女の伝記を書いた身内の人たちは、作品の巻末にわざわざ注をつけて「とんでもない誤り、リンゴの花は真夏までに咲き終わっているから」といっている。

この作品の原稿が完成したのは一八一五年も三月の末で、厳しい寒さの冬であった。当時は毎年あいつぐ冷夏で、彼女のリンゴの開花に関する観察は正しかったのだが、結核性の副腎皮質不全症《ふくじんひしつ》であるアディソン病に悩まされていたので、こんな誤りを冒してしまったのだとされてきた。実際、彼女の甥《おい》にあたるエドワードが訪ねてきたとき、この作品の件《くだん》の箇所について「七月に咲いたというリンゴの木がどこにあったのか話してもらいたいものだ」とジェインにたずねている。

十八世紀の七〇年代半ばから十九世紀の三〇年代にかけての時代は、気候変動の歴史からみて十三世紀の終わりごろに開始した「小氷河期」(Little Ice Age)の終わりにあたっており、世界のあちこちで気候の寒冷化が起こっていた。わが国も例外ではない。

フランス革命への道

オースティンのイギリスからフランスに目を向けると、フランスは革命とそれがひき起こした社会的なあつれきによって、混乱していた。革命が起こる五年ほど前から、フランスも寒冷化した気候の影響で小麦やライ麦の生産が極端に落ちていたし、ワインの原料となるブドウも不作がつづいていた。世にいう〝フランス革命〟の究極の原因が、小麦の極端な減産が招いた農民たちの生活不安にあるという指摘すらなされている。

小氷河期の気候

わが国の事情はどうであったのだろうか。一七八三年（天明三）を中心に、少なくともその前後数年は気候が寒冷化しており、農業生産が振るわず、人びとは飢饉《ききん》に悩まされていた。小氷河期は全世界をおおうように発達し、世界各地が気候の寒冷化にみまわれ、人びとの生活条件が大変に厳しかった時代であった。

大温暖期があった

小氷河期が終わった十九世紀半ば以後、地球の気温は多少の出入はあるもののだいたいにおいて上昇していっている。この上昇傾向は現在もつづいており、近未来における温暖化が懸念されている。だが、気候の長期変動について現在明らかにされている結果をみると、十世紀初めごろから十三世紀終わりころまでの四〇〇年ほどの期間は地球環境が極度に温暖化しており、気温の点では現在より暖かかったものと推定されている。この期間は「中世の大温暖期」（Grand Medieval Maximum）とよばれている。

本書で取り上げるのは、小氷河期も末期の十七世紀の七〇年代後半から十八世紀の三〇年代にかけての期間における気候変動と世界各地における人びとの暮らしとのかかわりである。また、気候の寒冷化の原因がどこにあるのかについても現在の研究状況にふれながら考察を試みる。

自然と人間

『セルボーンの博物誌』は語る

『博物誌』の由来

ギルバート・ホワイト（G. White）の名前は、ここに掲げた『セルボーンの博物誌』の著者としてよく知られている。この本の原題は *The Natural History of Selborne* で、一七八九年に出版されている。彼は一七二〇年七月にセルボーンで生まれ、ここから終生離れることなく一七九三年の六月にこの世を去った。

この本は、このセルボーンの自然について観察したいろいろなことがらを私信の形で二人の人に宛てて書かれた一一〇の文章から成っている。これらの文章は、セルボーンで見られる動物や植物についての観察記録、また天候の推移などが、読む人たちに十分に想像できるように工夫されている。

この『博物誌』でホワイトが取り上げた期間は、一七六七年半ばから一七八七年夏にまでわたっており、この期間は気候の面からみると、寒冷化しており、厳しい冬にしばしば見舞われている。彼の文章にも寒冷化した気候に言及したものがいくつもあり、彼自身このことについて気づいていたことがわかる。

THE
NATURAL HISTORY
OF
SELBORNE
IN THE COUNTY OF SOUTHAMPTON
BY
GILBERT WHITE

Geoffrey Cumberlege
OXFORD UNIVERSITY PRESS
London New York Toronto

図1　G. ホワイト『セルボーンの博物誌』表紙

セルボーンの土地柄

セルボーンは、ペナントという人に宛てた第一信によると、ロンドンの西南約九〇㌖、緯度にして北緯五一度、ハンプシャー州の東端にある教区である。ギルバートはこの地に住んでおり、ペナントに宛てて四四通、バリントンに宛てて六六通、合わせて一一〇の私信を送っている。この緯度で西へたどると、ストーンヘンジとよばれる巨石の遺構が残っており、これは紀元前二三五〇年ごろに建設が始まったものと推測されている。ギルバートが私信を次々と書いていたころのセルボーンは、ブナの木を中心とした森におおわれていたという。したがって、自然観察に適した土地であったといってよいであろう。

ホワイトと小氷河期

地球の気候条件は、いつも同じ、あるいはほとんど同じに保たれているわけではない。紀元前後から現在にいたるまでの二〇〇〇年ほどの間にも、現在の気候にくらべてずっと暖かかった時代があったし、逆に寒冷化していた時代もあった。特に、一三〇〇年ごろから一八五〇年ごろまでの約五五〇年にわたって、地球の気候は現在にくらべて寒冷化しており「小氷河期」(Little Ice Age)とよばれている。このことについてはすでにふれたが、ホワイトはこの寒冷化した時代の終わりごろにその生涯を送った。したがって『セルボーンの博物誌』にも、この寒冷化がもたらし

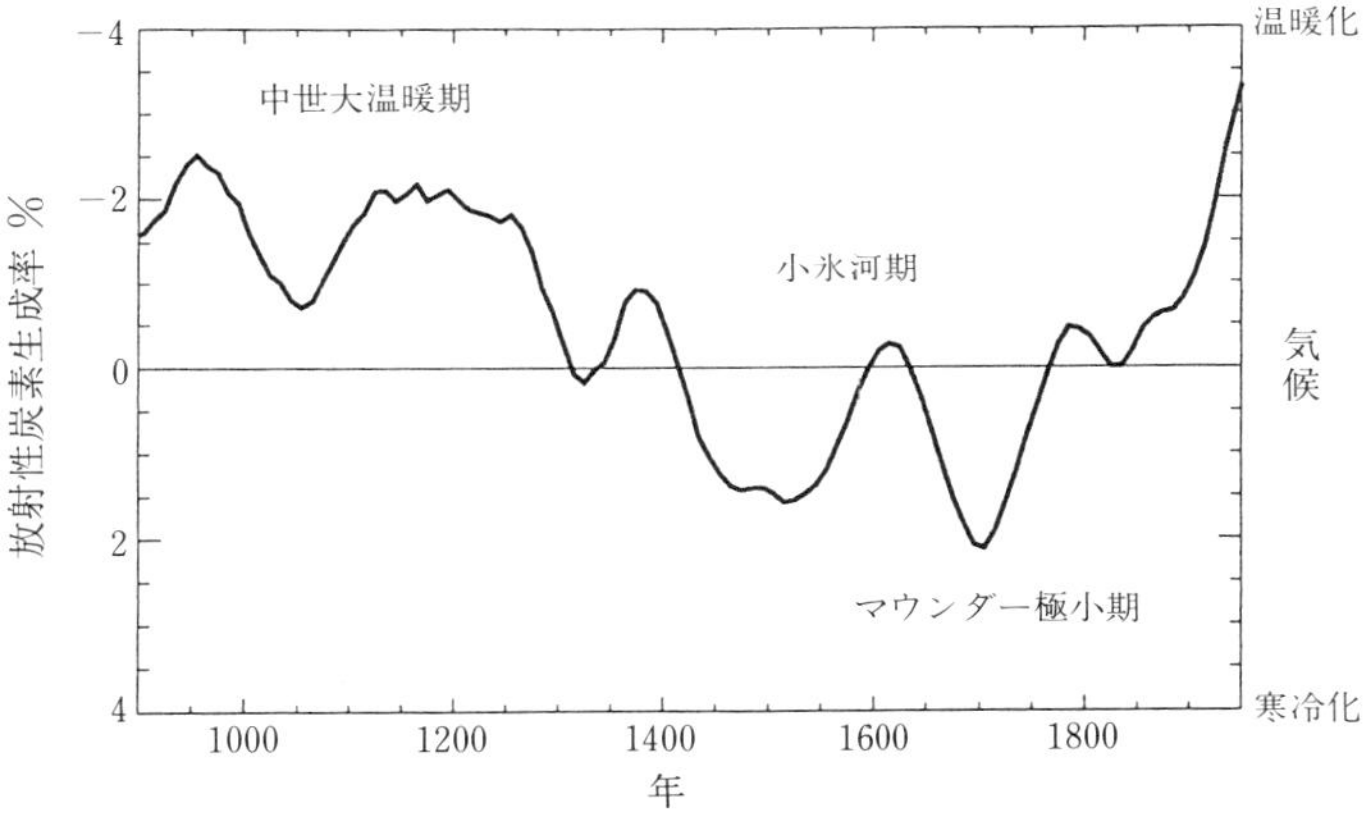

図2　気候の長期変動

放射性炭素（^{14}C）の生成率の長期変動からさぐった（Svensmark, H. Phys. Rev. Let. **81**, 5027　1998 による）

た厳しい気候にふれている場面がでてくる。

ホワイトが生まれたのは一七二〇年七月十八日のことだが、小氷河期の中で最も寒冷化がすすんでいた「マウンダー極小期」（一六四五年ごろから一七一五年ごろまで）が過ぎ去った直後のことであった。この極小期ほどではないが、ふたたび寒冷化した気候が地球をおおうのは一七七〇年ごろから以後のことで、彼の後半生はこの寒冷化した時代にあたる。

幼少のころから自然観察、特に鳥類の生態観察に熱中していたというから、後にホワイトが『英国動物誌』（*British Zoology*）の著者である動物学者トマス・ペナント（一七二六―一七九八）に宛てて四四通の手紙を、また多彩な研究者であるディンズ・バリントン（一七二七―一八〇〇）に宛てて六六通の手紙を、自分の自然観察にもとづいて書かせることになったのであろう。

冬の厳しさを語る

ここで注目されるのは、ホワイトがこの二人に宛てた合わせて一一〇編の私信の中で、それが書かれた当時の気候について彼がどのように伝えているかである。三人がともにイギリスにいたのだから当時の気候について同じような経験をしているわけで、話題として特に取り上げることもないだろうと考えられる。だがいくつかの私信の中で気候の厳しさなどについて言及しているところをみると、ホワイト自身には異常なものと考えられていたのであろう。

バリントンに宛てた六一番目の私信ではじめて彼は、ある地方の天候が、その地の博物誌の一部をなしていることには疑問の余地がないことにふれている。その中で、例年にくらべて著しく寒かった何回かの冬に言及し、また特に暑かった夏のあったことにも注意している。

たとえば一七六八年一月の寒さは、継続期間は短かったものの彼の生涯でほとんど経験したことのないほど厳しいもので、彼の家の庭にあった常緑樹にも大きな被害があった。降雪のあと日中に解けた雪が毎夜凍って、ガマズミ、ヤマモモ、月桂樹などの葉は、三、四日たつと真赤に焼けたような色になってしまった。日中に雪が解けて、夕に凍るのをくり返したためである。

当時すでに気温を測る尺度として、スウェーデンのセルシウスにより摂氏が考案されていたが、イギリスではまだ実用化されていなかった。そのため一七六八年一月の最低気温がどれほどだったかわからないが、ホワイトがそれまで経験したことがないほどの寒さであったと、マーチンの製作になる温度計の記録にもとづいて述べている。ベンジャミン・マーチンは数学者だが、研究用精密機械の製作も手掛けていたという。

同じくバリントンに宛てた六二番目の私信では、一七七六年の冬が特別に寒かったことに言及している。この年の一月には、二週間ほどにわたって雪が断続的に降りつづき、マーチンの温度計が示す最低気温は一七六八年一月のときの数値とほとんど同じであった。大地が雪に埋もれてしまったために小鳥たちが飢餓状態に陥ってしまったともいっている。

十八世紀の後半から十九世紀の半ばにかけて、イギリスを含めてヨーロッパではアルプス山脈以北の地帯の寒冷化が厳しく、ホワイトがその『博物誌』の中でふれていたように、ロンドンから南の地方でも冬の寒さは異常なのであった。

『博物誌』にみる気候

バリントンに宛てた六三番と六四番の二つの私信の中で、ホワイトはさきにふれた一七七六年の冬の厳しさのほかに、一七八三年と一七八四年の厳冬と暑い夏について述べている。

暑い夏の煙霧

一七八三年の夏は、彼によると、驚くべき異常な夏というべきものであった。というのは「ふしぎな霞《かすみ》か煙のような霧が、何週間にもわたってイギリス本島からヨーロッパ全土、さらに他の地方にまで立ちこめた」まったく珍しい現象が起こったからである。彼の日記によると、このふしぎなできごとに気がついたのは、六月二十三日から七月二十日までのことであった。風向はいろいろと変わったが、気象の変化はなかった。注目すべきことは、彼によると、「真昼には、太陽は雲がかかった月のように白っぽく、大地や部屋の床に対し、錆色《さびいろ》をした赤褐色《せっかっしょく》の光を投げかけていたが、日出と日没のころには特に血のような凄い色をしていた」。その間、厳しい暑さの日々であった。多くの人びとが赤味を帯びた陰鬱《いんうつ》な太陽を眺めていたという。

次章で述べるように、この年の五月初旬から八月にかけて、わが国の浅間山《あさまやま》が噴火をくり返し、噴煙を大気上空にまで吹き上げ、それが煙霧《えんむ》となって地球をおおった。ホワイトはこのときの煙霧がつくりだした現象を見たのであろう。彼によると、イタリア南西部のカラブリアとシシリーで地震が起こったし、ノルウェーの海岸では海底火山の噴火があった。浅間山の大噴火については、当時は彼のところまで情報が伝わることがなかったのであろう。

人びとが抱いた太陽に対するある種の迷信的な恐怖について、ミルトンが『失楽園』の第一巻の中で、太陽について描いた比喩《ひゆ》を私信の中に引用しながらふれ、そのふしぎさを強調している。昇ってきた太陽に光輝はなく、陰気で不吉な光を投げかける存在だとミルトンは語っているが、実際に太陽はそんな姿になっていたという。

異常な湿度

十八世紀半ばごろから異常な気候にみまわれていたイギリスは、雨量の記録では一七五一年から一七六〇年にわたる一〇年は夏に雨が多く、最も湿度の高い時代であった。現在用いられているスケールでは、この一〇年間の平均湿度は一二七%であった。一七六三年から一七七二年にかけての一〇年間では、平均湿度は少し下がったが一一七%、一七七五年から一七八四年にかけての一〇年間に対しては、平均湿度が一一五%であった。

　このように雨が多く降り、そのうえ寒い夏であったから小麦やブドウの作柄は決してよくなかった。湿度の点で特に指摘したいのは、一七六三年の夏は一八一%の湿度、また一七六八年の夏の湿度は一六〇%と異常に高かった。また雷雨が激しかったことについては、バリントンに宛てて、六六番目の私信の中でふれている。一七八三年の夏の雷雨に対してホワイトは、セルボーン一帯が暴風雨に襲われたと記している。翌一七八四年の六月五日は午前中から異常に暑く、午後二時ごろには雷雨の襲来が予想された。実際、暴風雨に襲われ、大きさが三インチもある雹《ひょう》が降ったのである。家のガラス窓のほとんどが雹のために割れてしまったと記している。

ホワイトは鳥類の観察に特に関心が強かったようで、鳥の渡りについては、バリントンへの第六信の中でふれている。一七七〇年の四月は寒さが非常に厳しく荒天がつづいたために、夏への移行が遅れた。その結果、夏における鳥の渡りに狂いが生じ、渡りが遅れたという。

気候と生態系

ごく最近のことだが、イギリスの科学雑誌『ネイチュア』に、気候変化に応じて変化する生態系の様相、特にいろいろな植物の開花期の変化、植物の分布域に見られる変化、鳥の渡りの時期の移行などが、最近の過去一〇〇年ほどにおける観察記録の分析から得られている。わが国の場合でもツバメの春における帰巣の日は、春先の気候によって異なることが知られている。

春先に開花期のある植物は、三月から四月にかけての気候によって開花の日時が変わることが明らかにされている。開花のころの日平均気温はだいたいにおいて一年おきに上下する傾向がみられるが、いくつかの植物の開花日はそれに応じて一年おきに早くなっている。一六四五年ごろから一七一五年ごろにかけての時代は、最近の一〇〇〇年間で気候が最も寒冷化していたが、当時、京都御所にある桜の開花期が現在にくらべて、一週間以上も遅かったことが明らかにされている。

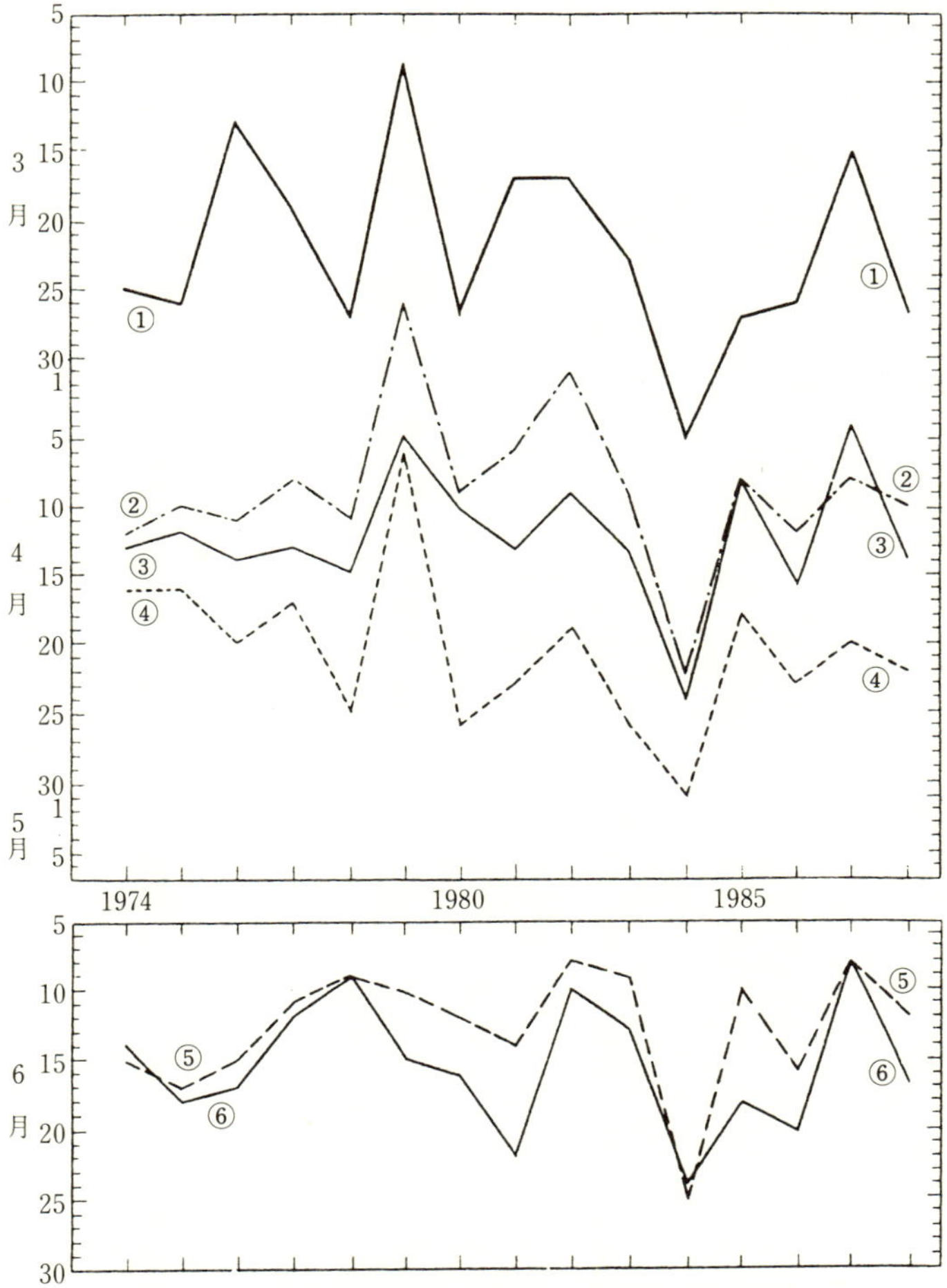

図3　春咲きと夏咲きの草花の開花日の年変化

太陽活動の活発な時期に開花日が早くなる傾向がある．約2年周期の変動が気温にも存在する．①シュンラン，②ヤマブキ，③イカリソウ，④チゴユリ，⑤ビヨウヤナギ，⑥クチナシ（山本大二郎　1989による）

ホワイトは一七九三年にこの世を去ったのだが、最後の私信が書かれたのが一七八七年だから、フランス革命が起こった当時の天候について、彼の私信から知ることはできない。だが、バリントンに宛てた私信をみると、気候の寒冷化が起こっていることには気づいていたようにみえる。

気候変動を語る歴史資料

『博物誌』からみた気候

これまで語ってきたことから、『セルボーンの博物誌』の中で述べられていることの多くが、私信が書かれた当時の気候について知る手がかりを与えてくれることがわかる。ホワイト自身に、長期にわたる気候変動に関する知識があったかどうかわからないが、彼の自然に対する注意深い観察眼が、期せずして現代に生きる私たちに、彼が生きた時代の気候にかかわる大切な事実をいろいろと教えてくれることになった。

イギリスのいわば片田舎における自然観察の結果、それもきわめて個人的な私信に盛られた事実なのだから、そこからイギリスの当時の気候全般についてなんらかの結論を引き出すのは危険だという指摘もあろう。したがって、彼の観察結果に対する検証は、フランスほかのヨーロッパの国々における当時の気候がどのようなものであったかについて調べることによってなされることが期待される。またイギリスについても、他の記録などを調査することも必要であろう。

ラムの業績

気候変動に関する研究において、幾多の重要な業績をあげたラム（H. H. Lamb）は、その著『気候・歴史・現代世界』（*Climate, History and the Modern World*）の中で、ホワイトの生きた時代の後半、十八世紀半ば以降の気候が異常に寒冷化していたことを示している。彼によると、一七八五年の冬は、この年の前後の中で最も厳しい寒さであった。また一八一二年二月初旬に生まれたチャールズ・ディケンズにとっては、この年から一八二〇年まで年末のクリスマスはいつも氷点下の寒さか雪であった。小さかったころ、この作家は異常に寒い冬を経験したのである。

貧乏の年—一八一六年

気候変動の歴史に関する研究結果は、十八世紀半ばをすぎて以後、一八二〇年ごろにかけて世界的に気温が低かったことを示している。後にオースティンについて述べるときに詳しくふれるが、一八一六年は一年を通じて寒く、夏の来なかった年として知られている。農作物の作柄も悪く〝貧乏の年〟ともいわ

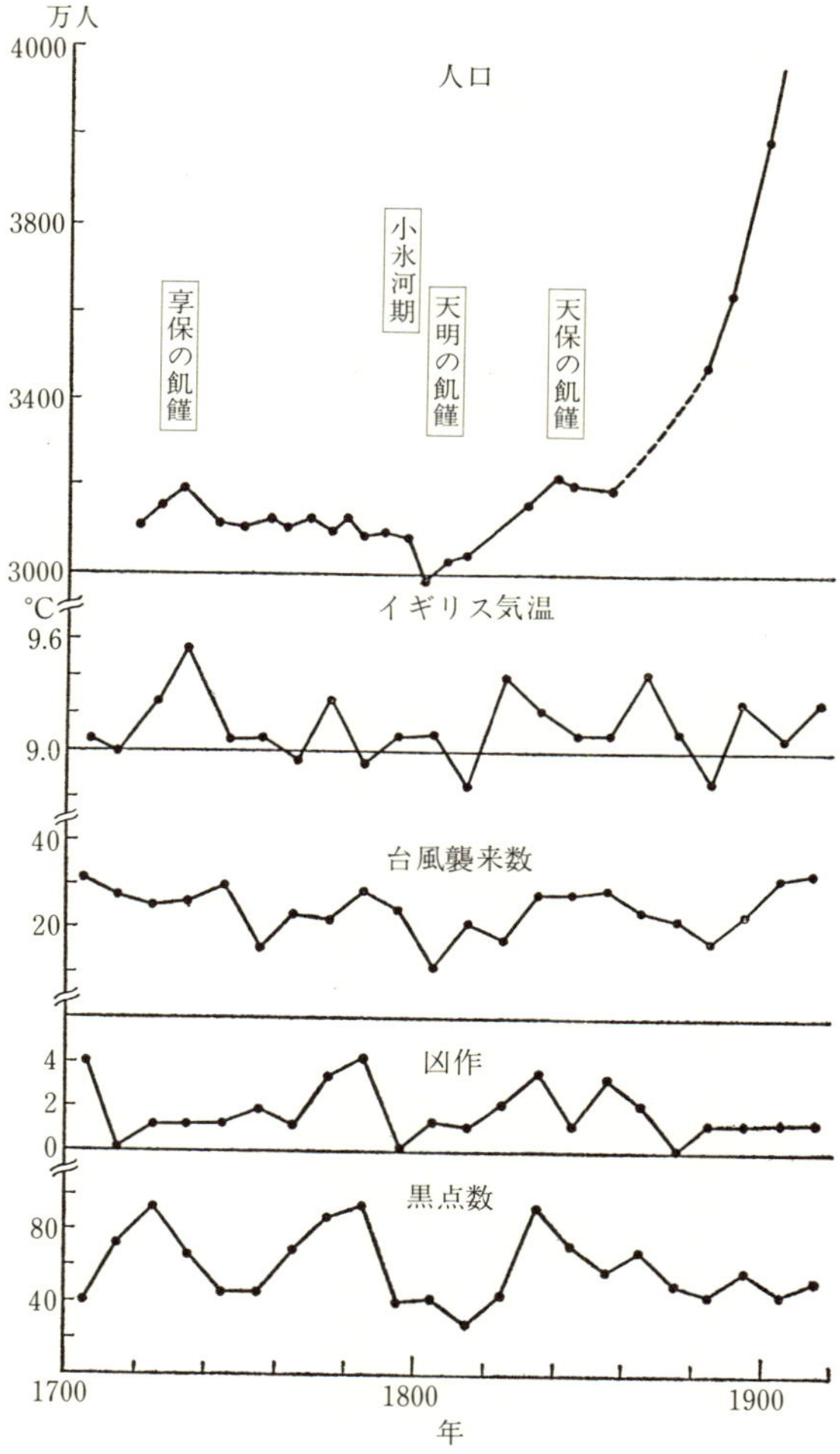

図4　人口推移と自然現象

日本の人口推移に対し，いくつかの自然現象をとりあげくらべた．黒点数の変動に注意（高橋浩一郎『日本の天気』岩波書店 1963による）

れたという。

わが国の場合は、次章でふれるように天明《てんめい》の飢饉《ききん》（一七八三〜八九年）を中心に、その前後で気候が寒冷化していた。人口が著しく減少した時代でもあった。

ホワイトが私信を綴っていた時代に気候が寒冷化していたことは、これらの私信からだけでなく当時のいろいろな記録からも明らかである。たとえばフランスには、小麦とブドウの出来具合についていろいろと記録が残されている。これらによると、作柄が悪く、気候の寒冷化の影響が深刻なものであったことがわかる。

十八世紀半ばすぎから十九世紀の二〇年代にかけての数十年は、全世界的に気候が寒冷化しており、その影響が政治の世界にまでおよんでいた。後に述べるように、フランス革命前後のフランスの気候は、この革命の勃発にも因果的にかかわっていると考えられるのである。またアメリカ独立革命もその発端は一七七五年で、この年は世界的に気候が寒冷化していた。原因はちがうが、どちらの革命も、気候が寒冷化した時代に起こっていることが興味を引く。

火山噴火と冷夏

天明の大飢饉——空が赤くなった

現代においても、夏の平均気温が摂氏で〇・五度例年にくらべて低いと、東北地方は冷害にみまわれ米が不作となる。一七七五年ごろから始まった気候の寒冷化は、一七八〇年（安永九）以後厳しくなり、その傾向は一八二〇年ごろまでつづく。当時の夏は暑くならず、雨の日が多かった。このような気候の寒冷化した時代の一七八三年（天明三）の初夏に、浅間山《あさまやま》が大噴火した。そのときの噴煙が成層圏《せいそうけん》にまで達し、地球規模の寒冷化をさらに強めた。前章でふれたように、噴煙はイギリスの上空にまで達したのであった。

浅間山の大噴火

地球の気候が一時的に寒冷化する原因として、火山の噴火がしばしば取り上げられるが、わが国の天明年間（一七八一〜八九）における気候の寒冷化には浅間山の大噴火がかかわっているものと推測される。一七八三年と翌八四年には、あいついでアイスランドのラーキ火山が大噴火し、浅間山とともに気候の寒冷化にかかわった。

田沼意次と蝦夷開発

天明年間には、わが国は北海道を中心とした当時の北蝦夷《きたえぞ》の経営が、時の政府により試みられた。田沼意次《たぬまおきつぐ》により探検が実施されたが、これは当時のロシアの南下政策に対応したものであった。わが国の北辺における国境の確定をめぐって、北蝦夷の探検が重要となったのである。

一方、ロシアの南下政策は、食料の安定供給をめぐって起こったものと説明されているが、もしかしたら、これも気候の寒冷化にかかわっているのかもしれない。当時のシベリア東部では、冬の厳しさは相当のものであったからである。

冷夏と凶作

一七八一年（天明元）に入るとわが国は冷夏にみまわれ、春から夏にかけて長雨がつづいた。そのため凶作にみまわれた。さらに翌八二年は大凶作で、諸国の作柄は六〇％の減収で、多くの人が餓死した。その翌八三年も同様に春から夏にかけて雨が多く、気温が上がらなかった。この年は早く秋が来て前年以上の大凶作となり、餓死者の数も著しく多かった。この大凶作は浅間山の大噴火がひき起こしたものであった。七月から翌年六月にかけての餓死者の数は、津軽一郡だけで八万六〇〇〇人以上もあったという。

浅間山の活動は、一七八三年（天明三）の五月九日から活発化し、八月五日までつづいた。この火山の大噴火は六月二十五日に起こり、このときの噴煙が成層圏にまで達し、数年にわたって残留したので気候が寒冷化して、気温は平均して摂氏一・三度も下がったものと推定されている。このときの大噴火による死者は一一五一人と数えられている。

噴火が始まる

この大噴火が起こった日の朝は、関東地方は晴れていた。午前一〇時をまわったとき、この火山で鳴動が起こり噴火が始まった。その後一ヵ月あまりたった七月二十九日の午後二時ごろから大規模な爆発が始まり、二時間ほどつづいた。この間、噴火の勢いが強くなるとともに、雷に襲われたかのような鳴動をともなった。江戸市中の家々の戸障子《としょうじ》がガタガタと鳴り、揺れ動いたという。

その後いったん鳴動はやみ、夕暮れどきまで静かだったが、午後八時ごろからふたたび鳴動と噴火をくり返した。つづいて八月二日の正午ごろから山が焼け始め、大きな雷のような鳴動がたてつづけに聞こえ、それとともに爆発がつづいた。さらに翌三日になると、午後二時ごろから爆発が始まり、午後六時ごろから真夜中にかけて真赤に灼けた岩石を大量に吹きだし、噴煙がもうもうと吹き上がった。噴煙の中ではときどき、火山雷が発生し稲妻のように光った。

八月五日の大噴火

その後も噴火は間欠的にくり返し、翌四日も山は赤く焼け、雷鳴が轟き、大地は地震のように揺れ動いた。次の日の五日に朝から山は焼け、午前八時ごろから二時間あまりの間、間断なく爆発をくり返した。空は真暗となり、まるで夜になったかのようであった。この日の正午を過ぎたころからようやく噴火も弱まった。午後四時ごろになってやっと晴れ、太陽が顔をだした。

この五日における噴火の最盛期には、浅間山の北側にあたる上州吾妻《あがつま》郡に向かって熔岩《ようがん》が流れ出し、最大で幅三里（一二キロ）ほど、高さ一丈（約三メートル）あまりの流れとなった。この押し出された熔岩流のために人家も田畑も押し潰され埋没した。熔岩流は近くの川へ流れ込み水を溢れさせ洪水をひき起こした。

この日の噴火により浅間山の北側六里（二三・六キロ）四方が、押し出した熔岩流のために吾妻郡の五一の村々がすっかり荒れ果てた。人や馬の損失は無数といった状態であった。このときに今も鬼押出《おにおしだ》しとして残る熔岩台地が形成された。

今から一〇年ほど前、群馬県嬬恋《つまごい》村にある東海大学研修センターに宿泊したあと、吾妻川に沿ってさかのぼり、鎌原《かんばら》をたずねたことがある。このときそこの観音堂で、参道の五〇段ある階段が上の一五段を残して火山泥流に埋没したままとなっていることを知った。案内してくれた人の説明によると、噴火の恐しさを語り継いでいくために補修をしないのだという。現在みかけられる家々は、埋没してしまった集落の上に建てられている。

『天明雑変記』

佐久《さく》の佐藤雄右衛門将信が遺した『天明雑変記』によると、「この年（一七八三）の夏は雲が多く、寒かったうえに、浅間山が大爆発し、八月初めに火山灰が厚霜のように降り、畑の野菜はすべて枯れてしまった。九月の彼岸《ひがん》になっても稲は花が咲かず実をつけることがなく、人びとをおどろかせた。特に、上州は浅間山からの砂石がおびただしく、大凶作となったので、世の中は穏かではない」ということであった。さらに、「奥羽《おうう》両国は大飢饉で米価が高騰し、入津軽南部あたりでは、平年の一五倍から二〇倍となった。食料が不足し、牛馬を食べた者は臓毒《ぞうどく》となって死んだ。数万の百姓は救済もままならず餓死《がし》した。五人七人とひとつの穴に埋めたが、後にはみな野原に打捨て野獣の餌食《えじき》となった」とも記している。東北地方は前年の冷夏の影響で、餓死者がすでにでていたところへ、追い討ちがかけられたかたちとなった。

浅間山噴火の堆積物の厚さは軽井沢の碓氷《うすい》峠で一・五メートル、群馬県の松井田《まついだ》、安中《あんなか》で〇・六メートル、高崎で〇・五メートルと、浅間山周辺とその南側で厚くなっている。浅間山の北側を東行する吾妻《あがつま》川を塞《せ》き止めた泥流は、一日で決壊して利根川《とねがわ》へと流れ込み、前橋近辺の村々にまで洪水をもたらしたという。

小林一茶が見た光景

八月五日にあった大噴火を、俳人小林一茶《こばやしいっさ》は直接江戸表から眺めているわけではないが、翌六日に江戸川に出現した異様な光景については、彼の『寛政三年紀行』の中でふれている。この川の方で騒ぎがするので、人びとの後について行き彼が見たのは、川の色が泥で濁り、根こそぎにされた大木、家の材木や調度品などの打ち砕かれて細かくなったものが川面一面に広がっていた。それらの中に、千切れた人の手足や馬の死骸などが無数に浮き沈みしていたのを目にしている。

一茶はまた、五日には午前中鳴動を聞いているし、強烈な大地の震動を経験している。事情がすぐにはわからなかったが、だんだんと上州から信州にまたがる浅間山が大噴火したらしいことがわかってきた。上州鎌原《かんばら》村がほぼ全滅したこと、吾妻川、利根川の流域に住む人びとも大きな被害を受け、一〇〇〇人以上の死者が出たことなどが江戸に伝わってきた。彼が後に知った被害の状況は、さきに述べたこととだいたい同じであった。

一七九一年（寛政三）に一茶は故郷の信州柏原《かしわばら》へ旅した。夕方に碓氷《うすい》峠に着いて彼が

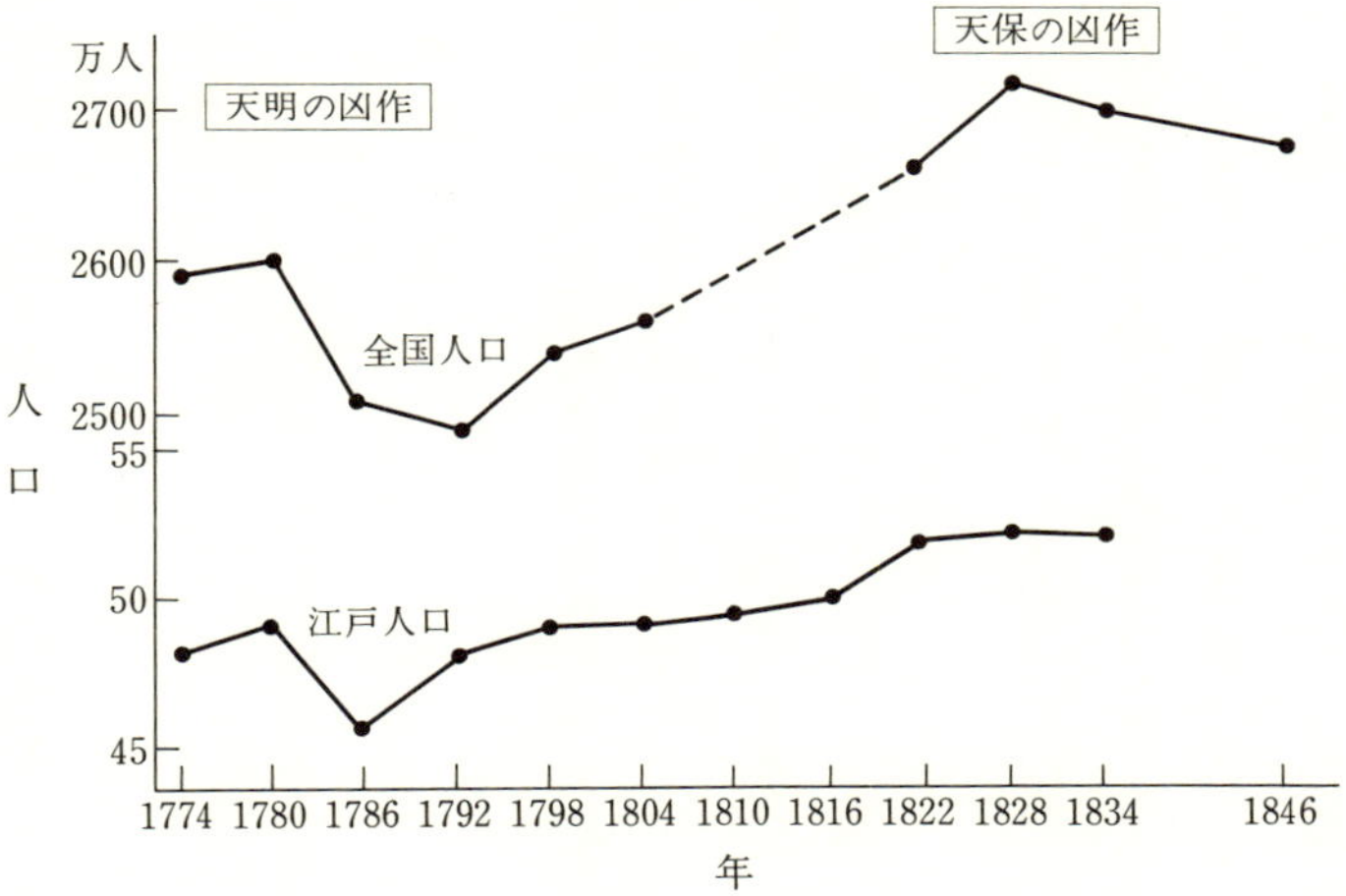

図5　人口推移

天明の凶作にともなって人口の減少が激しいことがわかる（大後美保『気候と文明』日本放送出版協会　1974による）

目にしたのは、大木がみな枯れたままの姿で立っている光景だった。鳥や獣の気配はほとんど感じられなかった。大噴火から八年たっていたが、人家はまばらであった。

一七八三年には、アイスランドにある火山、ラーキ山でも大噴火があり、死者の数は一万人にも達した。ホワイトは、空が赤くなった理由について、この火山の噴煙によるのではないかと推測しているが、当時の通信事情の下では、浅間山の大噴火については知る由《よし》もなかった。

飢饉による人口減

当時のわが国の人口について、

凶作が起こる前の一七八〇年と凶作後の一七九二年の人口をくらべてみると、天明の飢饉を境にして一一〇万あまりも人口が減少している。当時の日本の人口の約四・三%が減少したのである。

浅間山が噴火した一七八三年を含む前後の一七七〇年ごろから一八二〇年ごろにかけての約五〇年にわたる期間は、気候が寒冷化し、冷夏がしばしば襲った時代であった。気候の寒冷化に火山の噴火が大きな役割を果たしたことは、これまで述べたことからも十分に窺われるが、この約五〇年にわたって世界各地の火山活動が絶えず活発であったわけではない。この事実から、長期にわたる気候の寒冷化については、なにか別の原因もあるのではないかと考えてみることも大切であろう。

タンボラ山の噴火と冷夏の到来

ナポレオンの台頭

十九世紀初めのヨーロッパでは、ナポレオンが一八〇四年に国民投票によって皇帝を名乗ることとなり、第一帝政の時代が始まった。ドーヴァー海峡を挟んでヨーロッパ大陸から離れていたイギリスは、ナポレオンに対し抵抗をつづけていた。その報復としてナポレオンは一八〇六年、イギリス経済に打撃を与えるために「大陸封鎖令」をベルリンで発し、大陸諸国とイギリスとの通商を禁止した。

農業国であったロシアは、農産物をイギリスへ輸出し、それを引き換えに毎年多額の生活必需品を輸入していたので、この封鎖令を長期にわたって守ることができずイギリスとの通商を公然と再開した。ロシアのこの行為をこらしめるために、ナポレオンは一八一二年の六月末にロシアに向かって一連の戦争政策を実施に移した。私たちが「ロシア遠征」とよんでいる戦争である。この遠征の結末については後に詳しくふれることにして、話を先にすすめると、この遠征は無惨な結果に終わり、彼はエルバ島へ流された。

ワーテルローの戦い

戦後処理をめぐって開かれたウィーン会議は、各国の利害が対立して議事がすすまなかった。この情報をえたナポレオンは一八一五年三月一日、密かにエルバ島を脱出し、フランスの南岸に上陸した後、北上してパリへ入り、ブルボン王家の人びとをパリから追放し、その二十日には皇帝の地位にふたたび就いた。これにおどろいた諸国は第五回対仏大同盟を結んで対抗し、同年の六月十八日にはベルギー国内のワーテルロー（または、ウォータールー）の戦いで、ナポレオン軍はイギリスのウェリントンとプロイセンのブリュッヘルが率いる連合軍に破れた。このたびのナポレオンによる帝政は、〝百日天下〟といわれるような短命に終わった。そしてナポレオンは、今度は南大西洋に浮かぶ孤島、セント・ヘレナへ流され、一八二一年五月五日にこの島で生涯を終えた。

タンボラ山の噴火

ヨーロッパではナポレオンが百日天下に就いて間もなくの一八一五年四月初め、東洋の果てのオランダ植民地、東インド諸島（現在の

図6　インドネシアの3つの大火山

本書の記述に関わりあるのはタンボラ山である（Stommel 夫妻　1983による）

インドネシア）のスンバワ島では、史上最大の規模といわれる火山の大噴火が起こった。この島にあるタンボラ山が四月五日に噴火を始め、最も激しい噴火は十一日から十二日にかけて起こった。火山灰などの噴出量は一五〇立方㌔にも達し、一部は大気の上層部まで吹き上げられた。噴火後の四月十二日の夜明けは空が真っ暗であったし、昼になっても空は暗いままであった。空中には細かい灰がいっぱい漂っていた。当時セレベスの首都、マカッサルの港に停泊していたイギリス船、ベナレス号の船長が書いた航海日誌にこのような記載があったのである。彼によると、ミルトンが『失楽園』で描いた「目に見える暗黒（darkness visible）」のようであったという。

調査記録

この大噴火が起こった当時、ジャワ島の臨時総督代理を務めていたラッフルズは、在住のイギリス人たちに噴火の被害について報告するよう要請する一方で、副官のオーエン・フィリップス中尉を派遣し調査に当たらせた。報告された結果や調査の結果をまとめて、ラッフルズはジャワ島の自然史協会誌に掲載した。

チャールズ・ライエルは『地質学原理』(*The Principles of Geology*)の第一巻の中に、ラッフルズが記載したタンボラ火山の噴火について引用している。「スンバワ島、一八一五年」という見出しで次のように述べる。

　一八一五年四月に、スンバワ島のタンボラ山で史上最も怖るべき記録の一つとなる噴火が起こった。噴火は四月五日に始まり、十一日から十二日にかけて最も激しく、七月になってやっと鎮静化した。爆発音は直線距離で九七〇マイル(一五六一キロ)にあるスマトラでも聞こえた。反対の方向に七二〇マイル(一一五九キロ)離れたテルナテにも届いた。この島の一万二〇〇〇の人口のうち僅《わず》か二六人が生き残っただけだった。荒れ狂う旋風が、人、馬、牛ほか何もかも空へと吹き上げ、大木も根こそぎにされ、流木で海一面が埋めつくされてしまった。広大な地域が熔岩でおおいつくされ、タンボラ山の火口から流れでたいくつかの溶岩流は、海にまで達した。

ライエルはさらにつづけて、「降り積もった灰は非常に重く、火山の東方四〇マイル（六四・四キロ）のビマにある総督官邸も、町の多数の家屋と同様、押し潰されてしまった。ジャワ島の側では、灰は三〇〇マイル（四八三キロ）、セレベス側では二一七マイル（三四九キロ）にまで達し、空を暗くしてしまった。四月十二日にスマトラの西方に形成された木々の燃えかすは二フィート（六一センチ）の厚さにも達し、それが数マイルにまでわたって広がり、船の航行に支障を来たした」というように、このときのタンボラ山の噴火の激しさを記している。また、土地の隆起や津波の発生などについても、ラッフルズの調査結果を引用しながら記載している。

ラッフルズによる調査結果

スタンフォード・ラッフルズ（一七八一―一八二六）は、イギリスによる東南アジア経営において重要な役割を果たした人だが、最も顕著な事業はシンガポールを開いたことであろう。また、地上最大の花といわれるラフレシアにその名をとどめていることでも知られている。

一八一五年四月十一日から十二日にかけて起こったタンボラ山の大噴火によって降った火山灰の厚さは、後の調査によるとスンバワ島の町、サンガールで三フィート（九一センチ）、ビマで一・五フィート（四六センチ）、バリ島で一フィート（三〇・五センチ）、ジャワ島東部のバンジュワンギで九インチ（二三センチ）、バタビアでは一インチ（二・五四センチ）程度であった。フィリップス中尉の報告によると、サンガールやビマでは農作物はほとんど全滅、家屋も半分ほどは灰に埋もれてしまった。火山灰が原因かどうかはっきりしないが、人間、馬、牛などの生き物はすべて病気となり死んでしまった。生き残った人びとには飢饉が襲った。

　噴火によってタンボラ山の頂上部をえぐり取られたため約四〇〇〇フィート（一二一九メートル）も低くなった。吹き上げられた火山灰などのチリは成層圏にまで達し、五、六年にわたって上空に漂いつづけて太陽光の一部をさえぎり、気候の寒冷化をもたらした。この噴火とそれにともなう地震により、餓死者も含めて九万二〇〇〇人の生命が失われた。タンボラ山から二〇〇マイル（三二二キロ）以内の地域では、三日間にわたって日中も真っ暗だったという。

　ナポレオンにとって百日天下の日々の大部分は、タンボラ山の大噴火にともなって吹き上げられた大量の火山灰などのチリが、地球の赤道帯上空の成層圏に漂っていた日々であった。そのため、冷たい夏にヨーロッパもおおわれていた。フランスとスイスにおけるブドウの収穫日についてのデータは、一八一二年から一七年にかけて寒い春と夏がつづいたことを示している。凍りつく春、涼しい夏、そして、ブドウの遅い収穫という雨の多い湿潤な年がつづいたのであった。

北蝦夷の探検史——高田屋嘉兵衛のことなど

工藤兵助『赤蝦夷風説考』

江戸の西北方に位置する浅間山が大噴火を起こし、江戸から関東一円が火山灰の堆積による被害にみまわれていた一七八三年初めに、『赤蝦夷《あかえぞ》風説考《ふうせつこう》』と題した著作が出版された。著者は工藤平助《くどうへいすけ》で、わが国北辺へのロシアの南下による脅威について記したものであった。

十八世紀の後半から世界的に気候の寒冷化がすすみ、シベリア東北からカムチャツカ半島方面に植民したロシア人たちはたぶん、厳しい冬の寒さに曝《さら》されていたことであろう。このような事情とかかわってか、ロシア人が樺太《からふと》や千島列島《ちしまれっとう》の島々へ食料や水を求めて出没するようになった。当時ロシアとわが国との間には国交がまだ樹立されていなかった。

一七七八年六月にはじめてロシア船が国後島《くなしりとう》へ来航し、松前《まつまえ》藩に通商を求めてきた。

田沼意次による蝦夷開発

当時、江戸幕府の将軍は徳川家治《とくがわいえはる》で、側《そば》に仕えたのが老中《ろうじゅう》の職にあった田沼意次《たぬまおきつぐ》であった。彼が老中となったのは一七七二年で、幕政の実権を握り当時傾きつつあった幕府の財政の立て直しをはかった。そのために各地の特産物をはじめとした商品の生産や流通、またそこから生まれる富を幕府の財政の財源にとり入れようとした。都市や農村の商人、手工業者の仲間組織を株仲間《かぶなかま》として公認し、それらに運上金《うんじょうきん》や冥加金《みょうがきん》を掛けた。また、銅《どう》座、真鍮《しんちゅう》座、人参《にんじん》座、朱《しゅ》座などの座を設けて専売制を実施した。商品経済の発展が著しかった当時の貨幣需要に対応すべく貨幣制度を確立し、使用に便利な銀貨の鋳造や、そのための材料となる金や銀の輸入をはかったりした。

また、大坂などに住む大商人の資金を積極的に活用しながら、下総《しもうさ》の印旛沼《いんばぬま》や手賀沼《てがぬま》の干拓《かんたく》など、新田開発によって耕地の増大をはかり年貢の増収に役立てようと試みたが、失敗に終わった。一七八六年（天明六）は春、夏と気温が上がらず長雨がつづき、六月の寒さは冬のようであったし、七月には関東は大洪水にみまわれたからである。そのため農作物は平年の三分の一と大凶作となった。また、洪水によって江戸では三万人もの死者がでたのである。

財政問題の解決のために意次が試みた事業の中で、ここでぜひふれておきたいのは北蝦夷《きたえぞ》地方の探検と開発についてである。さきに工藤平助による『赤蝦夷風説考《あかえぞふうせつこう》』についてふれたが、この中で説かれていた蝦夷地の開発とロシアとの貿易に、田沼意次は注目し、一七八四年に北蝦夷探検の実施に踏み切った。この年から翌一七八五年にかけての第一回、八六年の第二回と北蝦夷地方の探検隊を送り、その地方の開発をすすめようと試みた。このときの両探検隊に加わったのが「江戸期を通じての最大の探検家の一人」といわれる最上徳内《もがみとくない》であった。意次の目的は、蝦夷地におけるアイヌたちとの交易の実態、新田や鉱山の開発、ロシア人との交易の可能性などを探るとともに、この地を幕府の直轄にし、大規模な開発計画を押し進めようとすることにあった。

この開発計画は、意次の失脚のあと松平定信《まつだいらさだのぶ》によるいわゆる寛政の改革の開始とともにとりやめとなった。一七八九年（寛政元）には、アイヌたちによる国後《くなしり》騒動とよばれる蜂起が、場所請負商人たちによる不正と搾取に反抗して発生し、幕府は大きな衝撃を受けた（クナシリ・メナシの蜂起）。寛政の改革では、北国郡代《ほっこくぐんだい》とよぶ役所を新設して、南部《なんぶ》藩と津軽《つがる》藩に北辺の警護と俵物の集荷や蝦夷地へ渡る商船の取締りにあたらせる計画が立てられたが、定信の老中辞職（一七九三年）により実現しなかった。

ブロートン事件

一七九六年（寛政八）から翌年にかけて、イギリスのブロートン（H. Broughton）が室蘭《むろらん》に寄港するとともに、日本近海の海図作成を目的とした測量事件が起こった。この事件をきっかけに幕府は一七九八年（寛政十）に、近藤《こんどう》重蔵《じゅうぞう》や最上徳内らに千島列島を探査させた。この翌年には東蝦夷地を幕府の直轄とし、一八〇二年（享和二）には蝦夷奉行を置いた。これは後に、箱館《はこだて》奉行と改められた。さきの千島列島探査の際、近藤重蔵は択捉島《えとろふ》に「大日本恵土呂府」の木標を立てている。一七九九年には高田屋嘉兵衛《たかだやかへえ》が択捉島航路を開き、漁場を設置している。また彼は一八〇六年（文化三）に幕命を受けて蝦夷地産物売捌方《えぞちさんぶつうりさばきかた》となっている。

この間、一八〇四年（文化元）にロシア使節レザノフ（Nicolai P. Rezanov）が長崎へ来航し、通商関係の樹立を改めて求めたが、オランダ、朝鮮、琉球、清国以外に新たに外交通商を開かぬとして拒絶された。このとき一七九二年（寛政四）に、日本からの漂流民、大黒屋光太夫《だいこくやこうだゆう》らを送還するとの名目で、ロシア使節ラクスマン（Adam K. Laksman）が、北海道根室《ねむろ》に来航し国交を開くことを要求したが、長崎に向かうよう指示したときに与えた信牌《しんぱい》を携行した。根室に来航したとき彼は、エカテリーナ二世の命を受けてシベリア総督による修交要請の書簡を持参している。

レザノフに対する幕府の応対については、ラクスマンに対し貿易許可の可能性を含ませた返答をしていることから、杉田玄白《すぎたげんぱく》や司馬江漢《しばこうかん》らが批判した。翌年、レザノフは帰国したが、その途中で日本に通商を開かせるには軍事的な圧力をかけることが必要だと示唆したことがきっかけとなり、一八〇六年（文化三）から翌年にかけて、ロシアの軍艦が樺太や択捉島を攻撃し物資を奪い家屋を焼き、番人らを捕虜とする事件が起こった。

フヴォストフ事件へ

レザノフの示唆にもとづいて日本攻撃の実行にあたったのは、海軍大尉フヴォストフ（Nicolai A. Khvostov）と海軍少尉ダヴィドフ（G. I. Davidov）の両海軍士官であった。択捉島では守備兵が敗走し、北辺防備をめぐって国内は騒然となった。

こうした事態に対処するため、一八〇七年（文化四）に幕府は松前と蝦夷地すべてを直轄領として松前奉行を置き、南部、津軽の両藩を中心にした東北の諸藩に警固させた。樺太も直轄としたが、これが島かどうかもわからずにいたので、一八〇八年（文化五）から翌年にかけて、幕府は間宮林蔵《まみやりんぞう》らに探査させた。その結果、樺太が島であることが確認された。このとき、現在間宮海峡として知られている沿海州《えんかいしゅう》と樺太とを分ける海峡が発見されたのであった。彼はさらに対岸の沿海州に渡り、黒竜江をさかのぼり、清国《しんこく》の役所(仮府《かふ》という)が置かれていた徳楞(デレン)にまで足をのばした。

リコルドと高田屋嘉兵衛

フヴォストフらによる日本攻撃のあとも、ロシアとの緊張関係はつづいており、そのなかで一八一一年(文化八)に国後島に上陸したロシア軍艦の艦長、ゴローヴニン(Vasili M. Golovnin)を捕え箱館へ連行、後に松前へ移し監禁した。これに対する報復として、ゴローヴニンの軍艦ディアーナ号の副長、リコルド(Petr I. Rikord)は、一八一二年(文化九)に、択捉航路を開拓した淡路の商人で択捉場所請負人、高田屋嘉兵衛が乗船していた観世丸《かんぜまる》を襲撃し、彼ほか四名を捕えた。彼ら四名はリコルドにカムチャツカのペトロパブロフスクへ移送され抑留されていたが、翌一八一三年(文化十)に嘉兵衛らとの交換により、ゴローヴニンが釈放されて、この抑留事件は解決をみた。嘉兵衛が、ペトロパブロフスクへ上陸し宿所に到着したのは十月十二日で季節はすでに冬であった。この地に初雪を見るのは、例年ロシア暦で十月十七日だったから、寒かったことであろう。

高田屋嘉兵衛の人となりについては、帰国後にゴローヴニンが著した『日本幽囚記《にほんゆうしゅうき》』の末尾に付した「艦長リコルドの手記」に詳しく記されている。司馬遼太郎が著した『菜の花の沖』に、ゴローヴニンの抑留・監禁にかかわることがらが詳細に描かれているが、このリコルドの手記の内容が、かなり使われているように感じられるのは、私の思いすごしであろうか。

ゴローヴニンは『日本幽囚記』の第三篇で、当時のわが国の気候にふれている。松前がイタリアのリヴォルノやフランスのツーロンとほとんど同じ緯度にあるのに、冬でも松前のようには寒くならない、といっている。冬には松前では湖沼が凍り、雪は十一月から四月まで平地や低地にも積もり、降雪量はペテルブルグと同じ程度、気温は摂氏でマイナス一九度ほどだとしている。最近の気候にくらべて当時の冬の厳しさは格別だったことが、ゴローヴニンの観察からも推測できる。

大黒屋光太夫のロシア

一七八二年（天明二）十二月十三日に伊勢の白子《しろこ》を出帆した神昌丸《しんしょうまる》に乗り組んだ船頭、大黒屋光太夫《だいこくやこうだゆう》たちは時化《しけ》に遭って漂流し、翌年夏にアリューシャン列島の孤島アミチトカに漂着した。この島に四年にわたって住んだが、ロシア人に助けられてカムチャツカに渡った。光太夫と他の二人、磯吉と小市は、一七九二年（寛政四）にさきに名前のでてきたラクスマンに連れられて帰国することができた。

帰国後、光太夫のロシアでの体験が桂川甫周《かつらがわほしゅう》によって編集され、『北槎聞略《ほくさぶんりゃく》』として一七九四年八月にまとめられた。この書の中に、ロシアの気候について「大抵九月末より雪ふり、四、五月まで雪あり。されど深く積もることなし。都のあたりは七、八寸一尺ばかりに過ずとなり」と記されている。ヤクーツクやペテルスブルグは「分て北によりたる故寒気もっとも甚だしく、ややもすれば耳鼻を墜し手足を脱す」と冬の厳しさにふれている。寒地ゆえに「五穀を生ぜず」ともしている。

光太夫がペテルスブルグの冬について記せたのは、この王宮のある都市まででかけているからである。一七九一年（寛政三）の正月に、当時滞在していたイルクーツクからラクスマンとともに出発、一ヵ月後にはエカテリーナ二世の君臨するペテルスブルグに着いている。この大旅行の目的は帰国の許可をこの女帝から得ることにあり、この目的は間もなく達せられた。さきに記したように翌一七九二年（寛政四）に帰国することができた。漂流しはじめて以来、一〇年がすぎ去っていた。

鈴木牧之と土井利位

大黒屋光太夫や高田屋嘉兵衛がカムチャツカで寒く厳しい冬を過ごしていたころの気候については、彼らが残した記録からも窺われるが、鈴木牧之《ぼくし》の『北越雪譜《ほくえつせっぷ》』や、土井利位《としつら》の『雪華図説《せっかずせつ》』、『続雪華図説』の二つからも推測することができる。鈴木牧之による前著は、初篇が一八三六年（天保七）、二篇が一八四二年（天保十三）に出版されている。その初篇に「雪の形」と題した節があり、『雪華図説』に記載された雪の結晶の写しが載せられている。

土井利位は、現在の茨城県古河《こが》市を中心とした古河藩の第十一代藩主で、オランダから取り寄せた顕微鏡を使って雪の結晶を観察し、その結果と研究をまとめて、出版したのである。『雪華図説』が一八三二年（天保三）、『続雪華図説』が一八四〇年（天保十一）の出版であった。古河市には今もなお城下町の名残りをとどめた町並みがあるが、ふしぎに感じられるのは、この市の小中学校の校章がみな雪の結晶をデザインしたものであることである。下総の城下町だから、雪とは縁遠いと思われるのに、このようになっているのはこの土井利位とかかわりがあるからである。

現在でも茨城県は、東京や横浜とくらべると、冬の気温は日中でもたいていは摂氏で二度から三度低いので、同じ関東地方の中でも群馬県や栃木県より、冬はさらに寒いことがわかる。土井利位が雪の結晶を眺めていたころの冬は、世界的にも気候が寒冷化していた時代であったから、年間を通しての平均気温は、現在より摂氏で〇・五度から一度ほど低かったものと思われる。実際、『雪華図説』が出版された一八三二年（天保三）は長雨とともに、冷夏で凶作、飢饉となって多くの餓死者がでたのである。一八三六年（天保七）も大凶作となり、多くの人が死んだ。この年には夏はよく雨が降り、六、七、八の三ヵ月間に五二日も雨が降りつづいていたという。

中谷宇吉郎と雪の研究

雪の研究で名高い中谷《なかや》宇吉郎《うきちろう》は、雪の結晶が成長する雲中の温度と水蒸気の過飽和度との関係を一枚のグラフにまとめた。このグラフは「ナカヤ・ダイヤグラム」として知られている。これによると、私たちによく知られている樹枝状の雪の結晶は摂氏でマイナス一四から一七度の雲中で成長する。雪の形成は地上四〇〇から二〇〇〇メートルの高度で形成されるというから、地表はマイナス一四〜一七度よりも数度は高いと予想される。土井利位が顕微鏡をのぞきながら雪の結晶について研究していた時代は、中谷宇吉郎が雪の研究に従事していた当時の北海道と似た気候の下にあったのではないかと推測されるのである。

伊能忠敬の蝦夷地測量

さて、話を元にもどして、蝦夷地に対する幕府の方針にふれると、一七九九年（寛政十一）幕府は東蝦夷地を直轄領とした。当時、伊能忠敬《いのうただたか》は日本の国郡を自分で改良した測器類を使って実測したいと考えていた。この希望が実現したのは翌年（寛政十二）のことであった。測量は蝦夷地から始められ、彼が箱館に入ったとき高田屋嘉兵衛はその止宿先で彼に会っている。

忠敬は、北海道をまわって測量したあと、一八〇一年（寛政十三）には奥羽地方、一八〇三年には東海・北陸地方と測量をつづけ、一七年をついやして日本全土について実測を終えた。そうして、一八二一年（文政四）に彼自身の命名による「大日本沿海輿地全図」および「輿地実測図」の測量を完了した。だが、身近にいた人たちの手で図面が完成するのは、彼の死後三年たってからのことであった。現在の私たちにとって当たり前にみられる日本全土の地図がはじめて作られたのであった。北海道の地図もでき、国防上の重要な指針となったのは当然のことであった。

忠敬が測量のために日本全土にわたって各地を旅していた当時は、気候が寒冷化していた時代で、気候も不順であった。このような自然条件の中で完成された日本の地図は、長崎へ来ていたオランダ医、シーボルト（実はドイツ人だが）によって欧州学会に報告され、大きな反響をよんだという。地球磁気の研究でも有名な数学者ガウスが一八三八年に書いた『地球磁気の一般理論』には何枚かの世界地図が使われているが、日本の北辺の地図は不正確なままである。伊能忠敬の実測結果が、まだ知られていなかったのであろう。

気候変動

十八世紀末から十九世紀初頭のヨーロッパ

小氷河期の気候変動

「小氷河期」の気候

世界的に気候が寒冷化したいわゆる「小氷河期」(Little Ice Age)は、一三〇〇年ごろから一八五〇年ごろまでつづいた。寒冷化が特に著しかった期間は、一六五〇年から一七一五年にかけてで太陽活動が極端に低下していた「マウンダー極小期」(Maunder Minimum)にだいたい一致している。また、一七二〇年ごろから温暖化に向かっていた気候は、一七七〇年前後から寒冷化に転じ一八三〇年前後まで厳しい寒さの冬にみまわれた。この期間の太陽活動も「マウンダー極小期」ほどではないがやはり低下していた。

このように気候の寒冷化が長くつづいた期間が、太陽活動の著しく低下した期間であったことから、気候の寒冷化に太陽活動の低下が関係しているのではないかというふうに考える人たちがいる。このことについては後に詳しく考察することにするが、地球の気候は時代を通じてほぼ一定に維持されているわけではなく、現在では、長期にわたる気候変動の原因は地球の外部にあるものと推測されている。最近の過去一〇〇年ほどにみられる地球温暖化は、人間活動によるものと指摘されているが、これもまだ確立された事実というわけではない。

これまで、イギリスと日本を取り上げて気候の寒冷化について考察したが、ヨーロッパでは、イギリスだけに気候の寒冷化がみられたわけではなく、フランスなどの西ヨーロッパ諸国、ロシア、それにアメリカでも同じように気候の寒冷化がみられた。このような気候の変動が、人びとの日常の暮らしにも影響し家庭や社会での生活様式にも変化をもたらした。

十八世紀後半にはまずアメリカで独立革命が、ついでヨーロッパ大陸ではフランス革命が起こった。前者と気候の寒冷化との間には、因果的と考えられるようなできごとは起こっていない。だが、フランス革命となると、気候の寒冷化による農作物の不作とそれにともなう小麦価格の高騰とのあいだに、なんらかの因果関係があるようにみえる。フランス革命の導因と気候とのかかわりについては、次章で最近の研究成果を参照しながら詳しく取り扱う予定である。

北アメリカの厳しい冬―一八一六年

十九世紀に入ると、日本をはじめとして、ヨーロッパやアメリカでも、気候の寒冷化の影響が人びとの生活の上に暗い影を落とした。アメリカ北東部では一八一六年に異常に寒い冬にみまわれ、多くの人が凍死した。この年に、ヨーロッパでも飢饉で多くの人が苦しんだ。本書の「プロローグ」でふれたように、この年の前後は夏が来なかったほどに冷たく、雨の多い時代であった。ブドウはよく実らなかった。

現在、気候の温暖化がすすんでおり、その原因が人間の産業活動により排出された炭酸ガス（CO_2）の大気中の蓄積にあると、しきりに喧伝されている。十八世紀の終わりごろから十九世紀初めにわたる期間は、現在とくらべて気候が著しく寒冷化していた。二十世紀初めの二〇年間も気候は世界的にあまりよくなかった。

この章では、小氷河期の気候変動についてその特性をまず考察し、十八世紀末から十九世紀初頭のヨーロッパが気候と人びとの暮らしの面でどうであったかを、いろいろな記録から探ってみることにしよう。

気候変動のパターン

気候変動と人びとの暮らし

地球上の気候は一定しておらず、長期的にみると温暖期があったり寒冷期があったりして、その変動が人びとの暮らしにも大きな影響を与えてきた。人類史をかえりみる場合に、気候の長期変動が歴史の上になんらかの影響を及ぼした可能性はほとんどないとされてきた。だが現代のように〝技術の文明〟といわれるほどまで技術の進歩がめざましい時代にあっては、人びとの暮らしに気候の変動が影響することはないであろうが、農作物の作柄が直接人びとの生活に大きな影響を及ぼしていた時代は、気候の変動を考察することなしには歴史は語れない。

中世の大温暖期

九世紀の半ばごろから以後、地球の気候は温暖化に向かい、十二世紀から十三世紀後半にかけて温暖化の傾向は顕著であった。平均気温は、直接測定の結果は当然ないので確実なことはいえないが、現在とくらべて、摂氏で少なくとも〇・五度かそれ以上高かったと推測される。歴史上は中世に当たる時代なので、この温暖期は「中世の大温暖期」とよばれることもある。

この温暖期も十三世紀末には終わりに近づき、十九世紀半ばまでつづく小氷河期へ入っていく。ヨーロッパの中世は、気候の温暖化に恵まれたために、農作物の作柄も良好で人口が急速にふえていった時代であった。ヨーロッパ・アルプス以北一帯もこの温暖化がもたらした人口の増加に対応するため、森林地帯の開墾がすすみ、オオカミなどの動物が棲息する森が急速に消えていった。

地球環境の温暖化は、地球の両極地方に堆積した氷が融出し、海水面の上昇をもたらした。地中海にみられるいわゆるロットネスト海進は、この海水面の上昇がもたらした。わが国でもこの海進の影響は、たとえば大阪湾が現在の京都府南部にまで入りこんでいたことからもわかる。

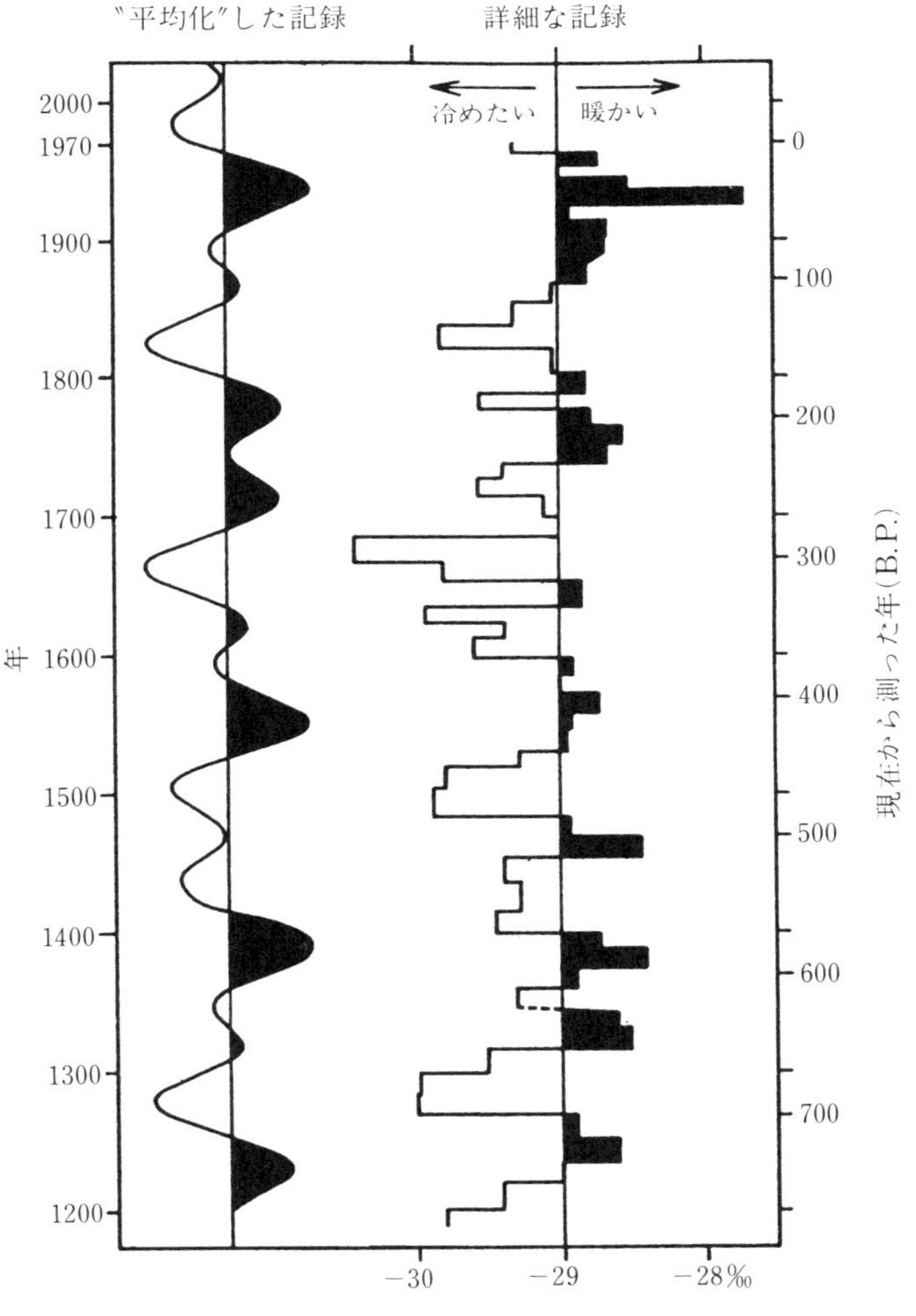

図7　気候の長期変動

右側は観測の詳細な記録．左側は右側の記録を平均化したもの(John　1977による)

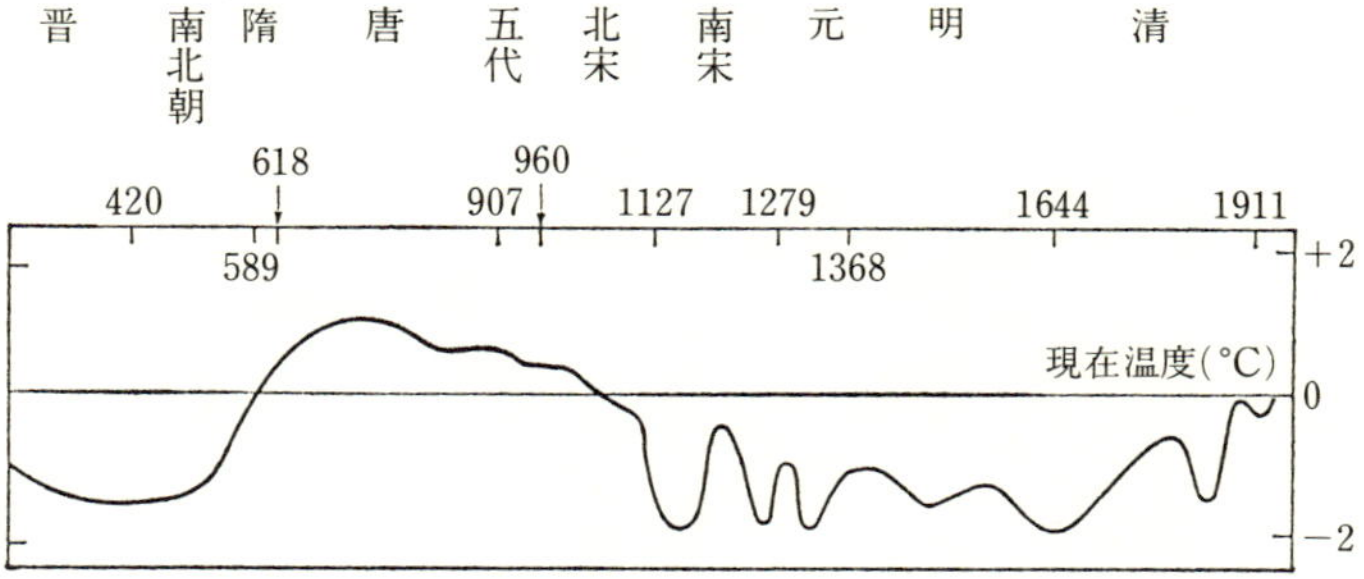

図 8　年平均気温の長期変動

中国の古記録から推定（竺可楨 Scientia Sinica **16**, 226　1973 による）

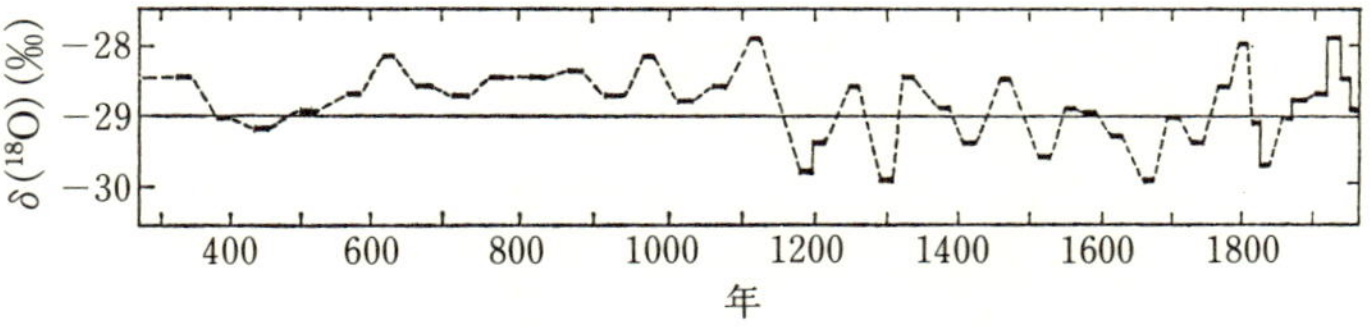

図 9　酸素同位体の沈積率変化

グリーンランドに堆積した氷中に蓄積された酸素の重い同位体（18O）の沈積率の経年変化（Dansgaard,W. “The Climate of Europe : Past, Present and Future”, Reidel, p.207　1984 による）

ヴァイキングの活躍

ヨーロッパの中世ではヴァイキング族の活躍が著しく、彼らの一部はヨーロッパ各地へ侵入するだけでなく、十世紀半ばすぎには大西洋上の島、アイスランド、さらにはグリーンランドから北アメリカ北部、現在のノヴァ・スコシヤにまで進出している。彼らは、グリーンランドの南端から西側に海岸に沿って北上してその一帯に入植し、豚の飼育や穀

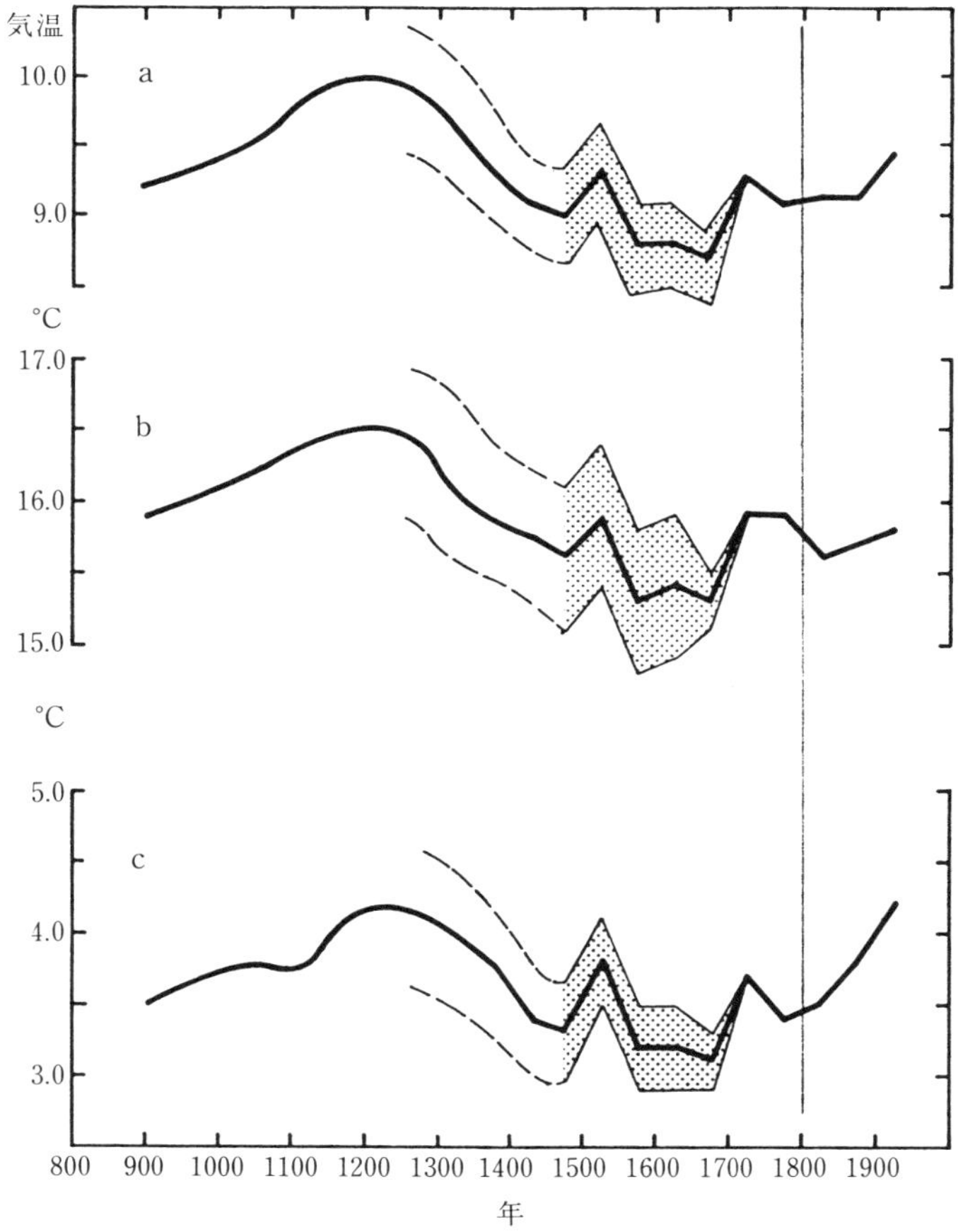

図10　イギリス中部における気温変動の推移

a 年平均，b 夏期（7月・8月），c 冬期（12月～2月）．アミをかけたところは不確定さを示す（H. H. Lamb　1972による）

物の栽培まで行なっている。グリーンランドは、彼らの命名になるもので、実際に緑におおわれていた。

彼らが遺した「サガ（口承された物語）」によれば、ノヴァ・スコシヤやカナダ地方には、当時ブドウが野生していた。現在では、この辺りはブドウの生育には寒すぎてみつからないから、「中世の大温暖期」がどんな気候条件の下にあったか想像できよう。しかしながら十四世紀に入ると気候は寒冷化に向かい、十五世紀半ばにはグリーンランド西海岸一帯に入植した人びとは撤退を余儀なくされたのであった。

人口の変動とペスト流行

ヨーロッパでは人口増加が著しく、多くが東方へ向けて移住し、現在のポーランドの辺りにまで進出した。だが十四世紀以後、気候が寒冷化に向かうとともに雨の多い年がつづき、冷夏にみまわれ、農作物の収穫は減り、飢饉に苦しむことになった。東方へ移住した人びとの西方への移動が始まるとともに人びとは飢えに悩み、人口は急激に減っていった。また十四世紀末には、南イタリアに流行したペストが、ヨーロッパ・アルプスを越えて西ヨーロッパへ広がり、その先端はイギリスからスカンディナヴィア半島にまで届いた。

すでにふれたことだが、気候の寒冷化が最もすすんだ時代が「マウンダー極小期」で、冬にはオランダでは運河が凍結したし、イギリスでは冬期にテームズ川が凍った。ロンドンでは冬に人びとが凍ったテームズ川にくりだし、氷上パーティなどを行なったことが知られているし、人びとは六頭だての馬車で川の上を渡って行き来していた。

テームズ川は、十八世紀末から十九世紀初めのころにも冬期にはしばしば凍った。だが、六頭立ての馬車で渡れるほどに厚く凍ることは滅多になかった。旧ロンドン橋が、一八二六年に取り壊されると川の流れが変わり、氷結することはなくなったが、少しずつ寒冷化の度合いが弱まっていたことも関係しているかもしれない。

寒く短い夏

ヨーロッパ全体についてみると、十八世紀前半から後半にかけて暑い夏の年が多かったが、十八世紀も七〇年代に入ると、雨が多く湿度の高い冷夏の年が多かった。フランスは冷夏にしばしばみまわれた。スイスは一七六四年以後一五年ほどにわたって夏はだいたい寒く、アルプスや低地帯ではしばしば雨が降った。夏が短かったし、そのうえ寒かったので、アルプスの高地帯に積もった雪は融けなかった。氷河の末端が前進し、人里へ接近してきた。小麦、じゃがいもの収穫量は減り、乳業も打撃を受け、人びとは飢餓に苦しんだ。

雨が多い時代のイギリス

イギリスでは、一七五一年から一七六〇年にかけての期間は、降雨量の記録からみて、最も湿度の高かった夏がつづいた。この期間の雨量を現在の基準に換算すると、平均して一二七％の雨量で、一六九七年以来のデータとしては最も多いものであった。一七六三年から一七七二年にかけての期間については、一一七％、一七七五年から一七八四年にかけての期間では一一五％であった。一七七五年から一七八四年にかけては今みたように湿度が高かったが、年間を通して暖かくもあった。雨量が特に多かったのは一七六三年と一七六八年の二回で、それぞれ一八一％と一六〇％であった。湿度の高い夏がつづき、総じて暖かかったといってよいかもしれないが、冬は厳しい寒さにおおわれた。

赤い太陽

最初の章でみたように、この時代のイギリスの気候についてホワイトが『セルボーンの博物誌』の中で記していた冬の厳しさが、降雨量と冬の寒さについての記録からも立証されているのである。また、一七八三年には、アイスランドで五月から六月にかけて、さらに八月には日本にもあったために、火山噴火がアに吹き上げられた火山灰やチリが長く成層圏にとどまった。その影響で、太陽光の強さがにぶり、外気には靄《もや》がかかったようにぼんやりと赤く太陽が見えるようになった。大気上層部のこのような状態は、一〇年あまりにわたってつづいた。一七八五年の三月は、当時のヨーロッパのほとんど全域にわたって最も寒い冬の到来となった。この年はさらに旱魃《かんばつ》にもみまわれ、フランスでは農作物への被害が大きく、家畜は多く殺されねばならなかった。

一七八八年から翌年にかけても大変に厳しく寒い冬で、小麦やライ麦の収穫量が著しく減り、パンを主食とする当時の貧しい農民たちは飢えに苦しんだ。彼らは収入の大部分をパンの購入に当てていたので、生活苦はひどいものであった。フランス革命の原因を、こうした貧しい農民たちを苦しめた気象条件に帰することはできないとしても、革命を激化させるのに力を貸したということはあるかもしれない。

一八一六年—「夏の無い年」または「凍死の年」

十九世紀に入っても気候の不順な状態がつづき、厳しい寒い冬にしばしばみまわれた。一八一〇年から一九年にかけての一〇年間は、イギリスでは一六九〇年代以来最も寒い時代であった。特に一八一六年は一年を通じて寒く、ヨーロッパそれに北アメリカでは「夏がない年」といわれるほどであった。アメリカのニュー・イングランド地方は、冬には雪嵐に襲われ、夏季は七月と八月に寒波にみまわれ、トウモロコシなどの農作物が潰滅的な打撃を受けた。この地方では「凍死の年」という表現さえ用いられた。「プロローグ」でもふれたが、この年には七月にリンゴの花が咲くほどに開花期が遅れた。

一八一〇年から一七年にかけて、フランスとスイスは寒い春と夏がつづき、ブドウの収穫量は激減した。その寒さは一七六五年から七七年までつづいた寒さに匹敵するものであった。このような寒さのために、アルプスの氷河は著しく前進し、その末端部は人里にまでくだってきた。凍りついた冬、涼しい夏がつづき、ブドウだけでなく小麦の生産高も少なかった。

一八〇〇年前後の気候

十八世紀の終わりごろから十九世紀の初めごろの気候については、イギリスの気候学者であるラム（H. H. Lamb）によりいろいろな古い記録の調査にもとづいて明らかにされている。イギリス中部における五〇年の移動平均から求められた冬期の気温の変動をみると、「マウンダー極小期」が気温の最も低かった時代となっている。この極小期のあと、この平均気温は上昇する傾向を示すが、一八〇〇年を挟んだ時代にはやはり気温が下がっている。このイギリスにみられた気温変動はヨーロッパの他の地域や北アメリカでも同様で、気候の寒冷化は地球規模のものであった。わが国の気候も例外ではない。

人びとの暮らし

気候条件の変動は、ある地方に住む人びとの生活の様式、つまり衣食住のそれぞれにいろいろな影響を与えるものと予想される。すでにみてきたように、食については寒冷化した気候の下では農作物の作柄が悪く、人びとは慢性的な飢餓に苦しんだ。衣については防寒を考慮した衣服が工夫された。

フランスの農業技術の遅れ

当時フランスでは、農民の大部分が、イギリスの農民のように鉄器の農機具を使用していたのではなく、旧式の木製の農機具を用いて耕作していた。そのためフランスではもともと、農作物の収穫の効率はイギリスにくらべてよくなかった。農業技術自体が伝統的な旧式のものであったし、農作物は小麦やじゃがいもを中心としたものだったが、収穫の効率が低く、農民たちの大部分は貧しく、食糧不足に常に苦しめられていた。

貧農たちの「小麦戦争」

こうした農民の生活状況は、気候の寒冷化にともなう厳しい冬と冷夏、それに冷たい長雨のために、十八世紀後半から以後には非常に苦しいものであった。一七七五年の厳冬と冷夏は小麦の収穫に大減少をもたらし、「小麦戦争」とよばれる食糧暴動の原因となった。しかしながら、フランスの農業生産の年平均増加率は十八世紀前半にくらべて、一七五〇年から八〇年にわたる期間では少し改善されている。平均ではこの増加率はそれまでの〇・三％に対し一・四％と増加している一方、人口もともに増加し、増加の割合は六〇％にも達している。しかしながらこの人口増加は、農民によるものではなく、主に家内工業者や職人たちによるものであった。

農業生産は平均すると年々増加したが、気候的には恵まれなかったために、小麦は農民たちの需要を充たすにはいたらず、特に厳しい寒い冬であった一七七五年の五月には三〇％以上も値上がりした。この値上がりでパンが手に入らなくなったパリの人びとは五月三日にパン屋を襲撃し、パンを強奪した。この三日後にも騒乱が起こり、パン屋が攻撃され、小麦が略奪された。

ヴェルサイユでは、八〇〇〇人におよぶ群集が王宮へ押しかけ、国王ルイ十六世に小麦

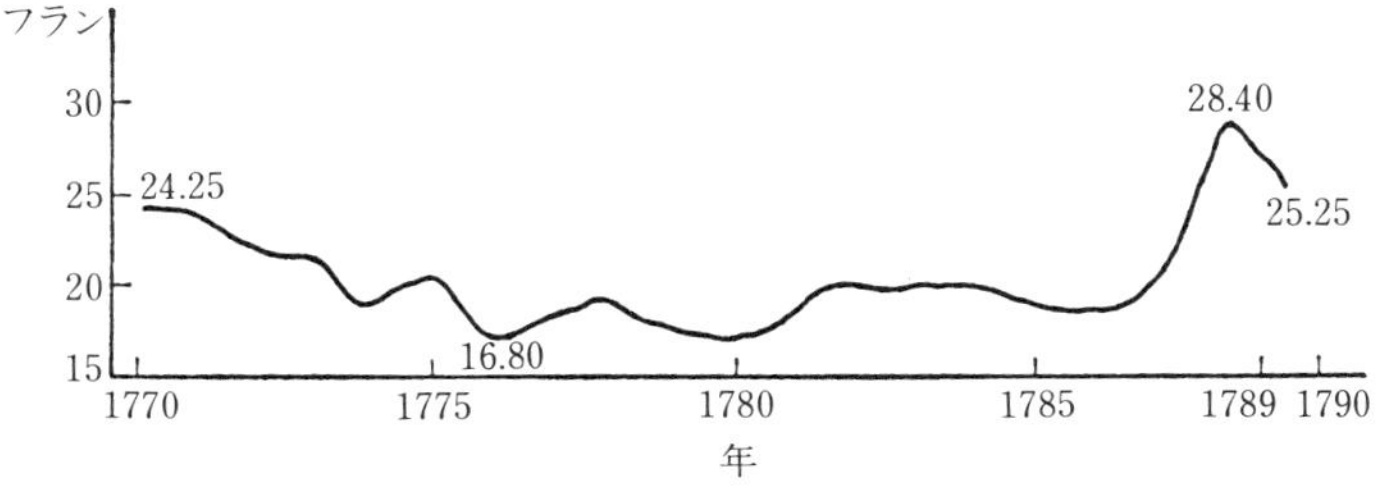

図11　パリの小麦価格変動
100kgあたりの価格を示した（Lefevre　1973による）

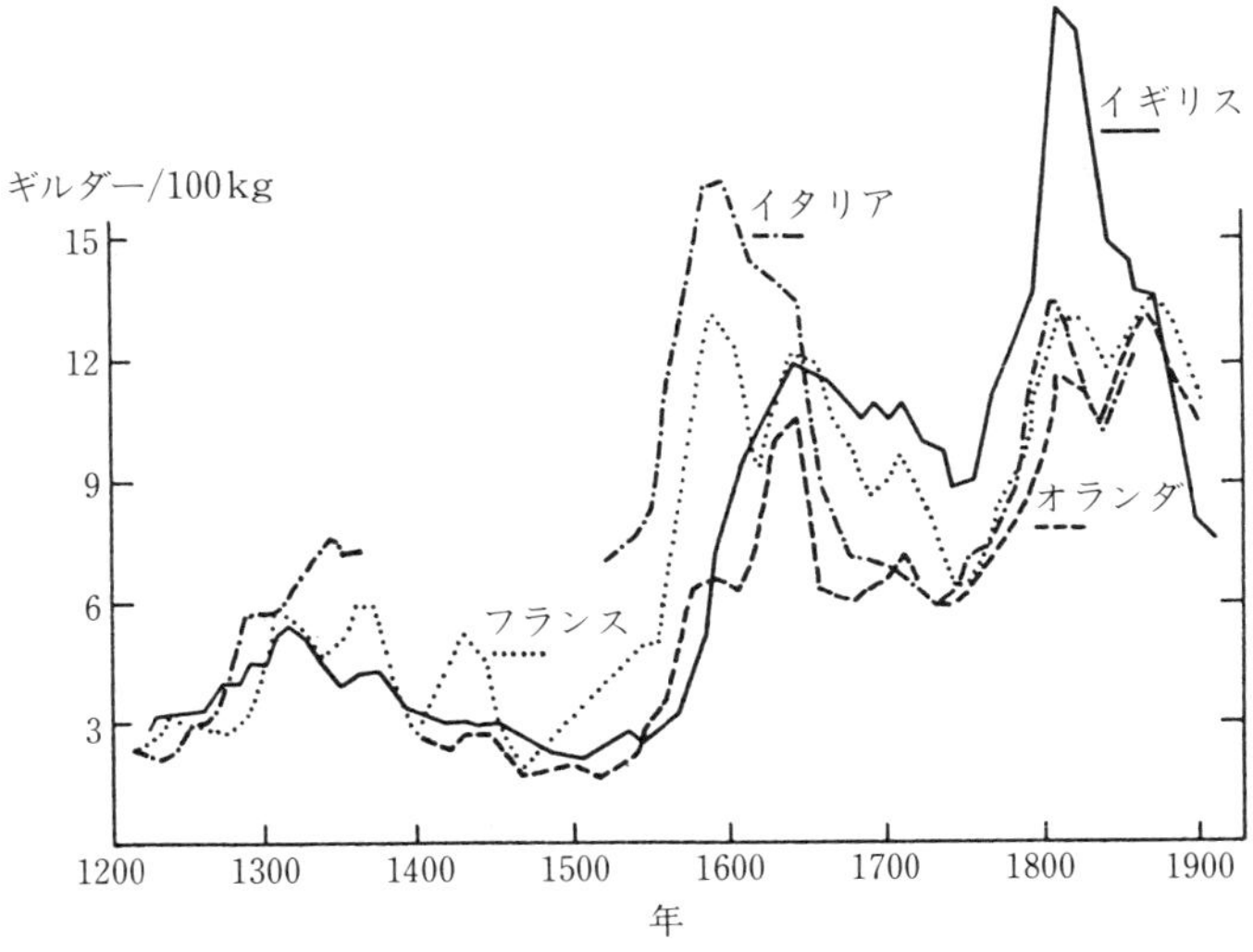

図12　ヨーロッパ各国における小麦価格変動
オランダ市場の指数が用いられているので，ギルダーで表示されている（H. H. Lamb　1972による）

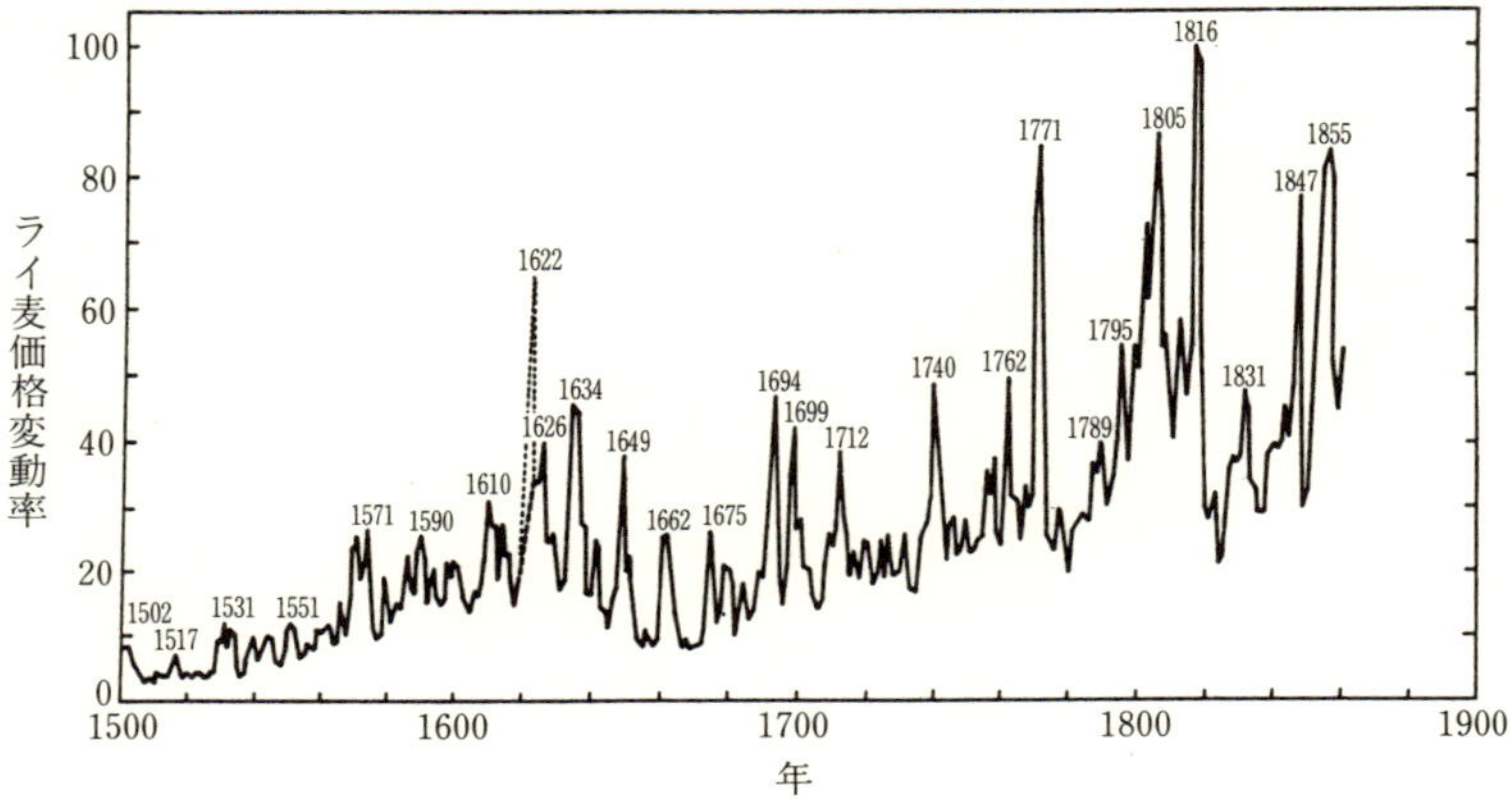

図13　ドイツの市場におけるライ麦価格変動

図中の数字は価格が高騰した年を示す（H. H. Lamb　1982による）

の値段を下げるように請願した。このときには群集に対し、その要求を聞き届けるとの約束がなされ群集は解散した。このような集団による請願は一七八九年にも行なわれ、フランス革命にいたるのである。

小麦の値段が十三世紀初めから一九〇〇年ごろまでどのように推移したかについては、イギリス西部（エクゼター）、フランス、イタリア、それにオランダの四ヵ国に対し記録が残されている。それによると、各国で一八〇〇年前後に著しく値段が上がっており、イギリスにおける値段の上昇はとび抜けて高い。小氷河期が開始して以後の一五五〇年ごろから、小麦の値段が急激に高騰している。

ドイツでは、ライ麦の値段に関する記録が

残されている。これによると一七八〇年ごろ以後に値段が急激に上がっていることがわかる。一八〇五年と一八一六年には値上がりの割合が特に高かった。

小麦やライ麦の値段が上がったのは、これら穀物の収穫が減ったことに原因がある。ライ麦の値段の一八一六年における急上昇は、この年が世界的に寒く夏が来なかったほどの冷夏だったことに起因する。フランスではブドウの収穫も落ち込んでいた。

じゃがいもの栽培

じゃがいもはすでに、ヨーロッパ一帯で栽培されるようになっていたが、十八世紀終わりごろから十九世紀初めの三〇年ほどの間、ハンガリーやロシアではその収穫が著しく減少した。じゃがいもは寒さに強い作物なのだが、気候の寒冷化は、その収量にまで影響したのである。当時はまだ、じゃがいもの病気は知られていなかったので、この減少は気候の寒冷化によると考えられる。

ヨーロッパでじゃがいもが腐る病気が広がったのは一八四五年の夏からで、ノルウェー南部でまず病気がみつかった。この年の夏は暑かったがくり返し雨が降った。翌一八四六年この病気はアイルランドへ広がった。気温はずっと摂氏一〇度を超えていたので、病菌の拡大が著しかった。湿度も連日九〇%以下に下がらなかったことも被害を拡大したが、農民の大部分が一五エーカー（約六ヘクタール）以下の小農だったこともあり、じゃがいもの不作は人びとを飢餓状態に追い込んだ。死者の数が一〇〇万を超えたことと、アメリカなどへの大量の移民により、アイルランドの人口は四分の一に減ってしまった。現在でもアイルランドの人口は、一八四五年当時の半分ほどにしか回復していない。一八四六年のじゃがいもの潰滅的ともいえる不作が、いかにひどいものだったかを推測できよう。この年の飢饉は、本書で扱っている期間よりも後に起こったのだが、じゃがいもの栽培にふれたので、取り上げてみた。

女性用下着のデザインが変わった

一八一〇年から一八一九年にかけての一〇年間は、イギリスでは特に寒く、その寒さは一六九〇年代以来の厳しさであった。十九世紀初期に戻ってきたこの寒い時期には、衣服のデザインにも変化が見られ、特に、女性用の下着のデザインにはいろいろな工夫がみられた。胸部をおおうような衣服のデザインが現われ〝胸部を隠す友〟(bosom friend)とよばれたりする物が出回った。それまでは胸部が露《あらわ》に見え誇張するようにした従来のデザインから大きく変わったのである。一八一二年から一八二〇年にかけての冬、クリスマスのころには、ロンドンの近くでも常に雪で異常に寒かったので、寒さに耐えるデザインが要請されたのであった。

一七九〇年代のフランスにおいては、革命後には、女性用の衣服のデザインにも思い切った変化が見られた。革命以前には成人した女性の胸部を露に大いに見えるようにするデザインが、衣服に対しては当然とされていたのに、胸部を隠すように工夫したものへと変わったのである。冷たい北風が、成人女性用のドレスに、胸を露に見せるようなどぎついものから温和なものへと変更を強いたのである。

風景画

気候の寒冷化は、当時の絵画、特に風景の描写にその影響を及ぼしている。この寒冷化が最も厳しかった時期は、十七世紀半ばから十八世紀初めにかけての約七〇年間で、当時の画家、たとえばオランダのレンブラント、フェルメール、コンスターブル、アーヴェルカムプなどが描いた人びとの生活や風景から、彼らが活動した時代の気候について推測することができる。当時の人びとの着ぶくれしたかのように見える衣裳、弱々しい外気からの光、雲におおわれたどんよりとした空などを眺めることから、当時の人びとの日常生活の様子がわかる。オランダでは、張りめぐらされた運河が冬には完全に凍り、人びとがスケートをしたりしている姿も描かれている。

小氷河期のいろいろな時期に描かれた絵画について、ヨーロッパの代表的なものにみられる雲とそれが空をおおい隠す割合を調べた結果、一五五〇年から一七〇〇年にわたる期間では平均してほぼ八〇%、空が雲におおわれていたことが明らかにされている。十八世紀を通じてだいたいで五〇から七五％、一七九〇年から一八四〇年にかけての期間に対しては七〇から七五％となっている。

このような調査の対象とした絵画は屋外、それも夏の戸外で、大部分が描かれているので、気温の面で悪い時期のものではなかったはずなのに、雲の多い空が描かれている。このことは、小氷河期に生きた人びとが、雲の多いあまり暑くない夏の日々という気持ちを抱いていた事情を反映しているものと思われる。

イギリスで十八世紀の後半から開始した産業革命の進展は、ロンドンをはじめいくつかの工業都市に大気汚染という深刻な問題を生じさせた。当時の人びとは、この汚染が人びとの健康に及ぼす害についてはほとんどかえりみていないようだが、芸術家は時代とともに空の色が変わっていったことを作品に反映させている。背景となった空の色が、青から黄褐色へ、さらに赤灰色へと、徐々に変わっていくのがわかる。後には、ヨーロッパ大陸の都市にも類似の傾向が現われている。

ロンドンでは、十七世紀の末ごろから石炭の使用による大気汚染が拡がり、その影響は二十世紀にまでつづいているのである。

テームズ川の結氷

ロンドン市内を流れるテームズ川が「マウンダー極小期」の冬にはしばしば結氷し、それが七月初めごろまでつづいたこともある。十九世紀初めの二〇年の間にも寒い冬にはテームズ川が凍り、人びとが氷上でパーティを開いたり、出店したりした。一八一二年から一三年にかけての冬は特に寒く、テームズ川が凍り、氷上で市場が開かれたりしていた。このような催しはその翌年の冬にも開かれたが、後に旧ロンドン橋が取り壊されてからは流れが急となり、結氷することがなくなった。氷上市の最後の催しは、一八一三年から翌一四年にかけての冬であった。結氷しても、氷の厚さが人びとや馬ぞりなどの重みに耐えられなければならなかったからである。

人びとの暮らしは気候によって大きな影響を受ける。この事情は現在でもあまり大きく変わっていない。ちがうのは、屋内における温度調節の技術が大いにすすみ、寒さや暑さに対して人びとが身の処し方を工夫できるようになったことである。

しかし現在でも、わが国の夏季の平均気温が平年を摂氏〇・五度下まわると、東北地方から北では水稲が不作となる。つまり、この地域は冷害に襲われるのである。カナダでは冷夏の影響は小麦の生産高に反映する。農業は自然が相手なので、農作物の生産は気候条件との闘いであることは現代でも変わりがない。

革命の時代――アメリカとフランス

革命の発展とテロルの恐怖

気候の寒冷化がすすんだ十八世紀の終わりごろから十九世紀の初めにかけての時代は、人びとの生活にも大きな影響を与えた。この寒冷化がアメリカの独立革命とフランス革命の導因となったといえるかどうかについては議論が分かれるであろうが、この時代に、これらの革命が起こっているという歴史的な事実を否定することはできない。時代をさらにさかのぼると、マウンダー極小期に、イギリスではピューリタン革命が起こっている。

二十世紀に起こったロシア革命も含めて、ここに述べた三つの革命と合わせた四つの革命について研究したブリントン（C. Brinton）によると、革命として成功したのはただ一つ、アメリカの独立革命だということになる。この革命にのみテロルの恐怖は存在しなかった。そうして、テロルが最終的に革命を失敗に導いたことについては、アメリカとフランスの両革命を研究したハンナ・アーレントも認めたうえで、フランス革命に対する評価をきわめて厳しいものとしている。革命勢力に反対する人びとは、革命が失敗すればよいと願っているのだから、彼らを抹殺するのは当然だし、彼らは消滅されるべきだという主張が革命勢力の中に当然でてくる。後の時代のこととなるが、スターリン主義は歴史の法則性に立った弁証法的なものなのだから、革命に対する反対派は抹殺されてしかるべきだということになる。

フランス革命を研究する人びとの間にも、この革命を必然の結果だとし、歴史の法則性ということを強調する傾向がある。これらの人びとからみれば、テロルが革命の完成のために生じるのも避けられないことだということになるのであろう。テロルの恐怖にさらされたり、実際に反革命派として虐殺されたりした人びとは、歴史の法則性に抗《あらが》ったのだからとして、すべて無きものにしてよいのだろうか。

ヴァンデの反乱と悲劇的終末

テロルの恐怖で想い浮かぶのは、一七九三年半ばにフランスのヴァンデ地方で起こった反乱とか蜂起とよばれる革命政府に対する内戦である。直接の原因は、革命政府がとった徴兵令の不公平さに対する抵抗と、以前からあった増加した税負担への不満とが重なったものだった。さらに、それまでこの地方の地域共同社会を支えてきた教区制が革命政府により根本から突き崩されようとすることに対する危機感もあった。このヴァンデ地方の住民たちの願いは叶えられないだけでなく、女子供まで含めて、そのほとんどを革命軍が虐殺することで終わった。当時、パリ天文台で測定されていた気温と気圧のデータによると、四月から六月にかけての気温は前後の何年かとくらべて摂氏で一度から五度低かった。ヴァンデ地方の農民たちも、冷害の影響から免れなかったことであろう。

一七九三年夏には、革命政府による恐怖政治も、ロベスピエールとその仲間たちの処刑があって後急速に終わりを告げ、一七八九年七月に始まったフランス革命も、ブリントンやアーレントが評価しているように〝失敗〟で終息した。革命政府の内部でテロルが起こるようになって、フランス革命は挫折したのであった。

しかしながらボブズボームが指摘しているように、フランス革命はブルジョワ革命に終わったものの、それまでに全然考えられたことのなかった人間と思想とを生みだした。産業革命は、新しい技術とそれを利用した生産工程を生みだし、近代的な資本主義の発達を促した。この二つの革命によって始まった新しい歴史の潮流は、芸術の領域ではロマン主義を生みだし、科学や技術の領域では両者ともに進歩していくものであるという楽天的ともみられる信念を育《はぐく》んだ。

アメリカの独立革命

アメリカの独立革命については、革命ではないと主張する立場もあろうが、ブリントンもアーレントも取り上げ、この革命が最終的にテロルにいたらなかった革命であったと言っている。革命がその最終段階でテロルを生みだすのは、革命政府の側に立つ人びとが自分たちを最後まで正当化し大量虐殺のような行為に訴えてでも自分たちを守り通そうと試みたからである。アメリカの独立革命には、テロルに訴えても維持しなければならないという積極的なものはなかった。

ブリントンが『革命の解剖』(*Anatomy of Revolution*)を書いたころには、ロシア革命は未完であった。この革命の将来に対する彼の見通しは、ソヴィエトの崩壊により〝当たった〟のだといってよいと私には思われる。ハンナ・アーレントも、ブリントンと同じく、革命(Revolution)の本質について正しく理解していたのである。

革命と民衆

アメリカの独立革命も、フランス革命もともに全世界的に気候が寒冷化した状況の中で起こっている。後者については、フランスの人口の八〇%ほどが農民であり、そのうち九〇%近くが、小農または貧農とよばれるような状態にあった。日々のパンを稼ぐのがやっとというありさまでは、気候の寒冷化にともなって起こった穀類の不作がこれら農民たちの暮らしに潰滅的な打撃を与えるようになるのは避けられないことであった。

歴史上の出来事に〝もし〟という仮定を持ち込むのは禁物だといわれているが、中世の時代のように温暖化がすすみ、恵まれた気候の下に十八世紀末ごろの時代があったとしたら、フランス革命が起こっただろうかと、つい考えてしまうのである。フランス革命が起こった時期の気候条件については、次章で詳しくみていくことにしよう。

フランス革命と気候

フランス革命の導因

〝市民〟の成立

最終段階でテロルが起こり、革命としては失敗というか未完のままで、ブルジョワ革命だったという評価を下されたフランス革命は、〝市民〟という新しい人間観を掲げ、それまでの歴史には存在しなかった人間像を打ち立てた。この革命ではフランス人が互いに殺し合い、その数は約六〇万といわれている。しかも、その殺人が革命政府によるもので、結局は革命指導者たちの間で起こった政争が激化した結果、テロルをともなった恐怖政治が、殺人をもたらした。

このようなひどい殺人が、革命の崇高な目的や、革命によってもたらされたいろいろな成果によって、致し方なかったものとして正当化されるのは恐ろしいことである。ヴァンデの反乱（蜂起、あるいは戦争とよぶ人もある）の鎮圧のために、この反乱に加担した人びと、また、幼児や子供まで含めたヴァンデ地方に住むあらゆる人びとを残虐このうえないやり方で殺しても、革命の正当性を擁護するためには致し方なかったとされている。この反乱を取材したユゴーは『一七九三年』という作品を書いているが、その中でフランス革命の必然性について、結局は肯定する評価を下している。フランス人にしてみれば、フランス革命を否定的に捉えることは、ものごとに対する自分の判断や見方が誤っていることを認めることにつながる。したがって、現在でも、フランス革命について書かれた本をいろいろと読んでみると、フランス人の著作がこの革命を肯定的に捉えていることがわかる。ブリントンやアーレントの評価とは決定的にちがっているのである。

フランス革命の発端も、もともとはそれまで予想もされたことのなかった市民という新しい人間像を打ち立て、後に革命の旗印となった〝自由・平等・主権〟にあったわけではない。革命の進展の中でつくりあげられていったのである。

フランス革命と気候

本書では、フランス革命が起こった当時の気候がどのようなものであったかを歴史資料などから調べ、この革命の導因が気候の悪化と因果的にかかわっていないかどうかの検証を試みる。すでに述べたように、ヨーロッパの多くの地域を通じて一七八五年の三月は、史上最も寒かったし、夏は旱魃《かんばつ》にみまわれている。旱魃は一七八八年にも起こっており、一七八八年から翌八九年にかけての冬も厳しい寒さにフランスの人びとは苦しめられた。

一七八九年の夏が特別に寒かったということはなかったが、雨がしばしば降ったので、湿度は高くむし暑かった。イギリス本土やウェールズでも同様であった。ノルウェーでは、一七八九年七月に大雨にみまわれ、グロンマ川が氾濫し、未曾有の大災害をもたらした。革命が起こった年とそれに先行する何年間かは、気候的にみて悪い方に属するといってよい。気候的な条件が革命の導因となっているとしたら、当時の人びとの暮らしがそこには介在しているにちがいない。

革命以前の気候変動と農業事情

フランス革命の勃発

フランス革命は、一七八九年七月十四日のバスティーユ刑務所の襲撃で本格的に始まった。この年は天候の面でみると、この夏フランスでは平年にくらべて暑く、穏やかであったが、雨が少なく、農村地帯は旱魃《かんばつ》で小麦の作柄はよくなかった。一七八九年の冬は、その当時としてはヨーロッパは異常な寒さにおおわれた。フランスではこの年も長く日照りがつづき、人びとは旱魃に苦しめられた。

一七八八年から翌八九年にかけての冬は厳しい寒さにみまわれ、さきにふれたように小麦の生産は上がらず、小麦を材料としたパンを常食としていた貧しい農民たちに、日常必要だったパンが届かなくなった。

ノイマンによる調査研究

革命以前の気候について、当時の気象資料を収集し詳しく調査したノイマン（J. Neumann）によると、一七八八年の春、フランスは旱魃に襲われて、小麦を主とした穀物の収穫は激減し、その結果として飢饉が発生した。この年の七月には国内のあちこちで激しい降雹《こうひょう》があり、農作物への被害をさらに大きくした。また一七八八年から翌八九年にかけての冬も寒さが厳しく、人びとの暮らしに追い打ちをかけた。

農民の大部分はいわゆる零細農家であったから一七七〇年代に入ってから以後における気候の寒冷化と旱魃による不作が不況をもたらし、結果として多くの人びとを失職の状態とした。農民たちの窮乏状態は、当時の上流階級やブルジョワジーへの反発を生みだす可能性をはらんだ状態にあった。こんなときに旱魃が起こったのであった。

フランスの農業が、イギリスにくらべて農機具の改良では著しく遅れた状態にあったが、ここで彼らの食料事情について少しみておくことにする。十八世紀後半についてみると、フランスの貧民階級の九〇％以上の主食は穀物を中心としたもので、パンか粥《かゆ》にしたものであった。パンはライ麦かカラス麦を焼いて作ったもので、最下級の人たちの手には小麦を用いたパンは届かなかった。

これら貧しい人びとが一日に消費するパンの平均は、手仕事に従事する大人の労働者でもせいぜい三ポンド（一・四キロ）、一般人では一ポンド半（六八〇グラム）から二ポンド（九〇七グラム）であった。一七八九年以前の何年かにおいては、労働者はその稼ぎの約五五％をパンだけに消費していたが、一七八九年にはその割合が八八％にまで上がり、収入のわずか一二％が他の必需品のために使われたにすぎなかった。

くり返す飢饉と一揆

フランスの十八世紀における国民の騒擾《そうじょう》（一揆《いっき》といった方がよいか）の発生は、パンの値段が上がった時期にかなり密接に関係していることが明らかにされている。飢饉は一七七五年、一七八五年、それに一七八八年から八九年にかけてと、当時三回起こっている。このうちで、一七七五年と一七八五年もともに旱魃にみまわれている。一七八八年はひどい不作で、経済的には恐慌を来たしたが、その状況は一七八七年から翌八八年にかけての冬の厳しさから生じたのであった。こうした人びとの苦しみが、一七八八年十二月ごろ以降の一揆につながったと考えられるし、一七八九年三月以後にはさらに規模の大きな一揆が発生している。一揆では、金持ちたちの城館の焼き打ち、農民たちに対する封建的義務にかかわる文書の破棄、穀蔵の開放、牧場の占拠、穀物の値段の安い設定などが実現されている。したがって一七八九年の七月に革命が勃発したのは、偶発のできごとではないのである。

革命の導因

歴史家のコバン（A. Cobban）によると、「悲惨な収穫に終った後における最悪の時期は、常に翌年の初夏に起こった。このころに前年に収穫された穀物が底をついているのに、その年の実りはまだだからである」（ラム、一九八二年に引用）という。一七八八年春の旱魃とその年の七月十三日の降雹による損失は、フランスが一七七七年にアメリカの独立戦争に加担して以後陥った一〇年にわたる経済的不況にあったことから、フランスにとっては大きな打撃となった。

一七七八年から八一年にかけてワイン醸造業が大きく落ち込んだが、そのときワインの値段は半分以下となり、こんな状態が一七八八年までつづいた。フランスの農業の重要な分野が財政的に立ちゆかなくなり、間接的にはフランス経済を傾けることになった。

一七八八年春の旱魃が穀物の収穫にどれほど大きな打撃を与えたかについての確かなデータはないが、小麦については、当時の一五年にわたる平均を二〇％も下回る収穫しかなかったという。当時の旧体制（アンシャン・レジーム）の下では、政府は穀物の輸出を行なっており、一七八八年から翌八九年にわたった飢饉の年にも、穀物の輸入はほとんど顧慮されなかったとの批判がなされている。

不作の影響は貧しい農民階級だけを直撃したのではなく、都市の貧民たちにも襲いかかった。そのため一七七八年に始まった不況によって工業製品の生産とその輸出が減少した。衣料品の生産は、国全体で半分にも落ちたし、その結果として失業者が増加した。パンの値段の値上がりのために、貧民たちはパンさえ手に入らなくなった。そのためパリでは、政府がこの値上がりについて補塡したが、社会不安を鎮めるにはあまり役立たなかった。

革命以前の一〇年ほどにわたる時代の気候は不順で、厳しく寒い冬や冷夏とそれにともなう旱魃がくり返されていた。こうした事情のために農産物の作柄は悪く、人びとの暮らしはきわめて劣悪な状態におかれていた。前に述べたことだが、一七八三年の夏には浅間山の大噴火により、大量のガスやチリが上層の大気中に吹き上げられ、これが世界中へ広がり、気候の悪化に追い打ちをかけた。フランス革命にいたるまでの一〇年間は、世界的にみても気候の寒冷化がすすんでいた時代であった。

フランスの農民と農村事情

農村の事情

当時のフランスでは、人口の少なくとも四分の三は農民であった。だが農民たちが苦情を訴える場はなかった。これら農民の圧倒的多数は、貧民階級に属しており、自分と家族を養うに足りるだけの広さの土地を所有していたわけではなかった。また農機具も木製のもので、改善がなされていなかった。

当時の典型的な農法は三圃《さんぽ》制か二圃《にほ》制で、農地の三分の一か二分の一は休耕地として少なくとも毎年空けておかれた。そのため、当時の農民たちは現在考えられるよりもはるかに広い土地を必要とした。ある地域では、農民一〇家族のうち九家族までが、自立するのに十分な土地をもっていなかった。このような厳しい事情のもとで、十八世紀半ば以降人口が、三〇〇万人も増加したことから、農民の経済状態はさらに悪化した。これに加え、農地の分割相続により、土地を所有する農民たちがもつ農地も小さくなっていき、旧制度（アンシャン・レジーム）の末期には、農業は危機的状態にあった。

税制に苦しむ農民

当時の税制は、農民に対して重く、タイユ税、人頭税、二〇分の一税などすべてを負担しなければならなかった。このほかにもいろいろな間接税があり、これらは農民のうらみの的だったが、最も高いのは塩税であった。国王が徴収するこれらの租税は十八世紀を通じて不断に増大していったので、農民からの苦情は所属する教区への陳情書として提出された。農民は税負担に加えて兵役や道路賦役に駆り出され、そちらの負担も無視しえなかった。土地の所有についても封建的な封地の制度が受け継がれており、土地を耕す農民とはほとんど無縁のものであった。

さきに述べたように、農民たち大部分の常食はライ麦やカラス麦のパンであり、小麦からのパンは当時の上流階級にしか手に入らなかった。その日稼ぎという貧農が多く、その五五％はパンさえ手に入れられないような状態にあった。

ルフェーブルの分析

ルフェーブル（G. Lefevre）によると、「経済的危機はまず飢饉から始まるのであって、飢饉の際に農民は利益を得たと思われるかもしれないが、こうした想像とはまったく逆に、飢饉は農村の大衆にとっては大変に厳しい試練であった。なぜかというと、農民の多数は自らを養うに十分な収穫を上げておらず、いったん凶作が起こると、食料不足に苦しむ農民の数が日々に、また月々にと、あっという間に増加していったからである」。貧農たちの多くは、毎週開かれる近くの市に穀物を買いにでかけ、そこで起こっている騒擾《そうじょう》に参加して興奮し、村へ戻ってからその騒擾と不安をまき散らした。前年の穀物の貯えがなくなる夏のころには至るところで騒動が起こった。

飢饉により人びとの働き口がなくなり、村々で失業者の数がふえていった。日雇いの農民もその影響を受け、農繁期でも働き口のない状態に陥った。こうした農業危機にともなって食料品の値段が上がり、それにともなって工業製品の需要が減り、工業危機が起こった。この危機が、今度は農村にはね返ってきた。都市の家内工業に従事するのを副業としていた多くの農民たちの働き口がなくなったからである。

乞食に対する恐怖

こうした飢饉と失業者の群とが、乞食の数を激増させた。乞食は当時、農民たちにとっては恐しい存在で、門前払いなどをするとひどい仕返しを受けた。たとえば樹木を切り倒したり、家畜を傷つけたり、農産物や家に放火したりしたのである。一七八九年の春には、乞食の集団がいくつもできて、それらが至る所に立ち現われ、昼夜を分かたず農家を襲い、農村を恐怖のどん底に落とし入れた。野盗の恐怖は、農作物の被害に対する懸念から、それまでとは異なる大きなものとして農民たちに恐れられた。地域によっては、農民たちが武器を手に自衛することさえあった。行政当局は、こうした自衛を黙認しなければならない場合もあった。

こうしたパニック状態は七月十四日のずっと以前から局地的にあちこちで起こっており、これらが都市における騒擾の警鐘となった。野盗の恐怖が農村に限られることなく、都市から全国民へと広がり、革命へとつながる社会的・政治的意味を帯びさせることになった。経済事情の悪化は農民たちを激昂させ、その怒りは一〇分の一税の徴収権者と領主に向けられた。税の徴収権者たちは農民から彼らの食糧の一部を収奪していたのだから、農民の怒りが彼らに向けられたのは当然であった。貧しい人たちの増加は、当然、社会不安を拡大することになった。

パンをめぐる大恐怖

農民たちの大規模な反乱は、フランス革命が起こった結果として起こったのではなく、すでに述べたように七月十四日以前に、フランスの国内各地でパンをめぐって頻発していた。七月十四日以後、農民の反乱による恐怖があちこちで広がったとき、まずナントで七月二十日に竜騎兵が弾圧のためにやって来るという噂が広まり、大恐怖といわれる恐慌が始まった。この大恐怖とよばれる農民の反乱は、ヴィザルジャン、エストレ・サン・ドゥニ、リュフェックへと広がり、フランスの国土の大部分をおおうまでにいたった。噂が噂を呼んで、この恐慌は一ヵ月ほどの間にこれほどの広い地域にまで広がったのである。

一〇分の一税とタイユ税

さきに一〇分の一税についてふれたが、これは聖職者が収穫物から一定の割合で徴収するもので地域差はあったが、通例は一〇分の一以下であった。小麦・ライ麦・大麦・カラス麦の四大穀物に課されるものが「大一〇分の一税」とよばれ、その他の雑穀、蔬菜や果実に対するものは「小一〇分の一税」とよばれた。畜産物についても、いくつかに対してやはり一〇分の一税が課された。

この税は、本来の目的が教区の祭礼の維持、村の聖堂や司祭館の維持、特に貧民の救済などに当てることにあった。だが実際には、司教や修道院などの高位聖職者の利益とされたり、領主へ差し出されたりして本来の目的には使われなかった。

タイユ税は、教区が負担すべき全金額として毎年決められるもので、農民の一人が毎年偶然に選びだされて徴税人に任命され、この人が他の農民たちすべてにタイユ課税の負担を割り当てて徴収するものであった。したがってこの税は、割り当てが専断的で、徴収は実状に即したものというよりは徴収者しだいのもので、毎年大きく変わるものであった。このようなやり方は農民たちの間に猜疑心《さいぎしん》を生み、他人の富の増大を徴税人にあばいたりして利益誘導を試みる者がでたりした。税の割り当てを公平に行なう教区もあったが、このような税制では多くは公平さを欠き農民たちの間で大変不評判であった。

このように、税制ひとつをとってみても、フランスの農民が革命以前にどのような状態にあったか推測できるであろう。

フランスの気候条件──第一帝政の終わりまで

火山噴火の影響

一七七〇年代半ばから一八一〇年代の後半にかけての時代は気候が不順で、フランスのみならず世界のいろいろな地域を厳しく寒い冬また冷たい夏がしばしば襲い、人びとの暮らしは農産物の不作も加わって、困難を極めた。

一七八三年夏の浅間山およびアイスランドのラーキ火山の噴火により、成層圏上空にまで吹き上げられたガスやチリは、大気中に長期にわたって滞留し、気候の寒冷化をもたらした。十九世紀初めにも規模は小さいが火山噴火があり、一八〇二年ごろまで北半球では大気の上層部にチリやガスが残り、空が赤く焼けたかのように見えた。ロンドンでは、画家コンスターブルの絵画にその様子が描かれているし、ターナーが描いた夕日の色にも映しだされている。

恐怖政治のゆくえ

フランス革命が起こった一七八九年の夏は、気候的には悪いものではなく気温も上がっていたが、前年の暮れからつづいた厳しく寒い冬と、前年の農業生産の不振で小麦の価格が高騰し、貧農たちはその日のパンさえ手に入らないほどの苦境に陥っていた。ヴァンデの蜂起があった一七九三年も寒い冬にみまわれていた。

この蜂起のあった一七九三年は、ジャコバン派の独裁の下に恐怖政治がすすめられた。この年の一月には、ルイ一六世が処刑された。当時、革命軍は外国との戦争状態にあり、ベルギーからオランダへ進出していた。このような状況下でなされた国王の処刑は、イギリスをはじめとした国々の警戒を招き、イギリスの首相小ピットの提唱の下に、同年、第一回対仏同盟が結成された。

この年の七月にはマラーが、シャルロット・コルデに暗殺された。また、フランス国内のあちこちでジャコバン派に対する反乱も激しさを加えていたし、他方で、対外戦争も有利には運んでいなかった。この危機を打開する非常手段として、ロベスピエールが指導する公安委員会は、反対派の人びとを容赦なく弾圧・処刑するという恐怖政治に走った。このような政治体制の下で、翌一七九四年七月までに約二万人が処刑されたが、その中にはマリー・アントワネット、オルレアン公やラボアジェのような科学者が含まれていた。

ジャコバン派は政権をとったあと、やがてブルジョワジーと一般大衆との間に対立関係を生みだした。これとの関連で、政権指導者の間でも分裂が起こり、ロベスピエールは過激な左派のエベール、恐怖政治に反対するダントンと鋭く対立したが、一七九四年春にはこの二人を倒して独裁政権を樹立した。しかし、二人とその派を打倒したことがかえってジャコバン派の力を弱め、結果としてロベスピエールを孤立させることになった。

テルミドールの反革命と革命の終結

それまでジャコバン派を支持していた農民たちの中には、自分の土地を得たことで目的を達したとして保守化し、革命の進行に対する関心を失う者もでてきた。一方、都市の住民たちには、経済統制に対する不満が生じた。このような中で対外戦争の状況が好転したことを契機として対外危機を脱し、非常手段をとる必要が弱まったとき、国民公会の穏和派は七月二十七日（一七九四年、テルミドール〔革命暦の十一月〕九日）に反革命を起こし、ロベスピエールとその派の人びとを逮捕、その翌日処刑した。

翌年の一七九五年には穏和共和派が国民公会で政権を握り、総裁政府を樹立した。これによって一七八九年七月に始まったフランス革命は事実上の終わりを告げたのであった。前にもふれたように、ブリントンやハンナ・アーレントによる革命の研究結果は、フランス革命は結局は当初の目的を達せずに終わり、失敗であったとしているのである。恐怖政治による国民の支配はテロルを生みだしたが、アーレントによれば、テロルは「恣意的に、一個人の権力渇望の命ずるままに行なわれるのではなく、人間とは無関係な過程とその過程の自然法則、もしくは歴史法則に応じて行なわれる」のである。

ヴァンデの反乱とスターリン主義

フランス革命の進行中に起こったヴァンデの蜂起に応じた人びとに対する大虐殺を正当化する理由は、当時では明確化されていなかったであろうが、ロシア革命を通じて見出されたのではないだろうか。このようにいうのは、スターリン主義イデオロギー、つまり弁証法的唯物論にみられるように、歴史は絶滅されるべき階級やもはや救うに値しない民族に〝死の判決〟を与えるのだとしたら、こうした集団に所属する人たちは抹殺されるべきだということになる。これが歴史法則なのだとされて、想像を絶する大量の殺人がなされたのであった。しかもその殺人行為は残酷非道というべきものであった。にもかかわらず、それも正当化されてしまったのである。ヴァンデの蜂起に加担した人びとに対する革命軍の行為をみれば、フランス革命の最終局面がどれほどひどいものであったかが推測できるであろう。

ナポレオン

ナポレオンが台頭してくる動機が、フランス革命政府が恐怖政治をともなう独裁に行き着いたことにあったように推察される。ヨーロッパ大陸の気候は、一七九四年から一八一〇年にかけての冬期が特に厳しかった。彼が権力を手中に収めたのは一七九九年十一月のことであったが、それはこのような気候条件の下においてであった。一八〇四年には国民投票に訴えて、彼は皇帝の地位を得てみずからナポレオン一世となり、フランス史上にいう第一帝政を開いた。イギリスへの進攻は失敗したが、大陸では一八〇五年にオーストリアとロシアの連合軍をアウステルリッツで撃破し、ヨーロッパにおける覇権を確立した。

後に詳しく述べるように、ナポレオンは一八一二年にロシアへの進攻を試み、結局はこの遠征は失敗に終わった。一八一二年から翌一三年にかけての冬が、特に厳しく異常に寒い気候条件にあり、彼にはこれが幸いしなかったのである。攻めこんだモスクワが炎上し廃墟と化したため占領してみたものの、食糧など必需品の徴発も思うようにゆかず、結局は撤退することとなった。この撤退時のロシア軍と民衆のフランス軍に対する攻撃で、フランス軍は全滅に近い打撃を受けた。このときの様子はトルストイの著した『戦争と平和』第四部に詳細に描きだされている。

フランス革命をはさんで前後四〇年ほどの時代は気候が不順で、だいたいにおいて冬の寒さが特に厳しかった。また夏は気温が上がらず、小麦やライ麦などの穀物が不作、ブドウなどの果物も十分にも実らない年が多かった。フランス革命の導因と気候の寒冷化との関連について、さらに詳しい研究が待たれるところである。

十九世紀初頭のイギリス

気候学的考察

寒冷下のイギリス

小氷河期と三つの極小期

気候の寒冷化は、十三世紀の終わりごろから始まり十九世紀半ばまでつづいた。この五五〇年ほどの気候寒冷化の時代は「小氷河期」(Little Ice Age) として知られているが、寒冷化の特に厳しい時期が三度地球を襲っている。中世の温暖期が終息して寒冷化が始まった一三五〇年前後と、一五〇〇年をはさむ一〇〇年ほど、それから一六五〇年以後の七〇年ほどの三つの時代がそれで、この順に、ウォルフ極小期、シュペーラー極小期、マウンダー極小期とよばれている。ここで〝極小期〟という言い方をしたが、この命名を提唱したアメリカのジャック・エディ (J. A. Eddy) によれば、太陽活動が大きく低下した極小期に、これら三つの時代が当たっているからである。

マウンダー極小期

小氷河期の中で、気候の寒冷化が最も厳しかった時期がマウンダー極小期で、平均気温で摂氏一度ほど現在にくらべて低かった。「たった一度」とはいえ、地球全体が冷えるのだから気候が大きく変動するのは当然なのである。マウンダー極小期ほどではなかったが、一八〇〇年の前後五〇年ほどの期間も気候が寒冷化した。一八一〇年から二〇年にかけての一〇年ほどの期間については、夏が来なかった年があった。

このように気候が寒冷化した時代に生きることは大変に辛《つら》く苦しいことであったろうが、その時代に人生をおくった人びとは、その中で歴史をつくりあげてきたのであった。マウンダー極小期は、世界史の上ではヨーロッパで近代が成立した時代で、科学の歴史ではいわゆる〝科学革命の時代〟であった。近代科学の成立と発展に大きな貢献をした人びと、たとえばガリレオ、デカルト、パスカル、ハイゲンス、ヴェザリウス、ニュートン、ハレーなどの名前をただちにあげることができる。

産業革命の波

一七八〇年ごろから一八二〇年にかけての時期は、科学の歴史上では特に取り立ててあげるべき人はいないが、技術の歴史では産業革命がイギリスを中心に発展した時代で、技術開発のうえで名前を残している人はたくさんいる。十九世紀初めの二〇年はナポレオンの登場と惨めな退場があり、ヨーロッパの歴史は革命に揺れる動乱の時代となった。

さきにふれた三つの極小期は一〇〇年ほどの間隔を置いて発生し、最後のマウンダー極小期から八〇年ほどおいて、この本で取り上げている寒冷期が訪れている。このように気候は準周期的とでもいってよいような時間間隔で、寒暖をくり返している。気候が寒冷化するたびに人びとの暮らしは大きな影響を受けてきた。一七八〇年ごろから一八二〇年ごろにかけての寒冷期も、農業は不振で飢饉にしばしば襲われたが、イギリスに端を発した産業革命の進行は、マウンダー極小期における人びとの暮らしやそれにかかわって起こった人口の推移を大きく変えた。

現代では、気候の寒冷化した時代が人類の歩みのうえに暗い陰を投げかけることなどあるはずがないと、文明の水準からみて多くの人が考えることであろう。だが、このように考えられるのは自分たちが気候変動の影響をある程度コントロールできる先進国に住んでいるからなのである。

しかしながら、現代にあってもまだ、人類は気候を制御する技術の開発には成功しておらず、気象状況の変動については、成り行きまかせである。文明が進歩し、技術の文明といわれるほどになった時代なのに、こんな状況にある。

気候の変動に直接大きな影響を受けることを免れなかった時代の人びとの暮らしを、現代に生きる私たちに想像することは、多分できないことなのであろう。

ここでは、寒冷化した気候の下におけるイギリスについて、十九世紀初めの二〇年ほどの期間が人びとの暮らしにとってどのようなものであったかを中心にみていくことにしよう。

「小氷河期」とは

小氷河期の気候

地球に氷河時代が何回かあったことは、たぶんよく知られているであろうが、歴史時代に入ってから以後、まだあまり遠くない過去に氷河時代というほどではないが、気候が寒冷化した時代があったことはほとんど知られていない。一三〇〇年ごろに開始した気候の寒冷化は、一八五〇年ごろまでつづいた。この五五〇年ほどの時代が現在、「小氷河期」（Little Ice Age）とよばれている。寒冷化したといっても、たとえば夏の平均気温が現在にくらべて、わずか摂氏〇・五度ほど低かっただけなのだが、寒冷化の影響は農産物の生産に現われ、その結果として当時の人びとが飢饉に苦しむことになった。

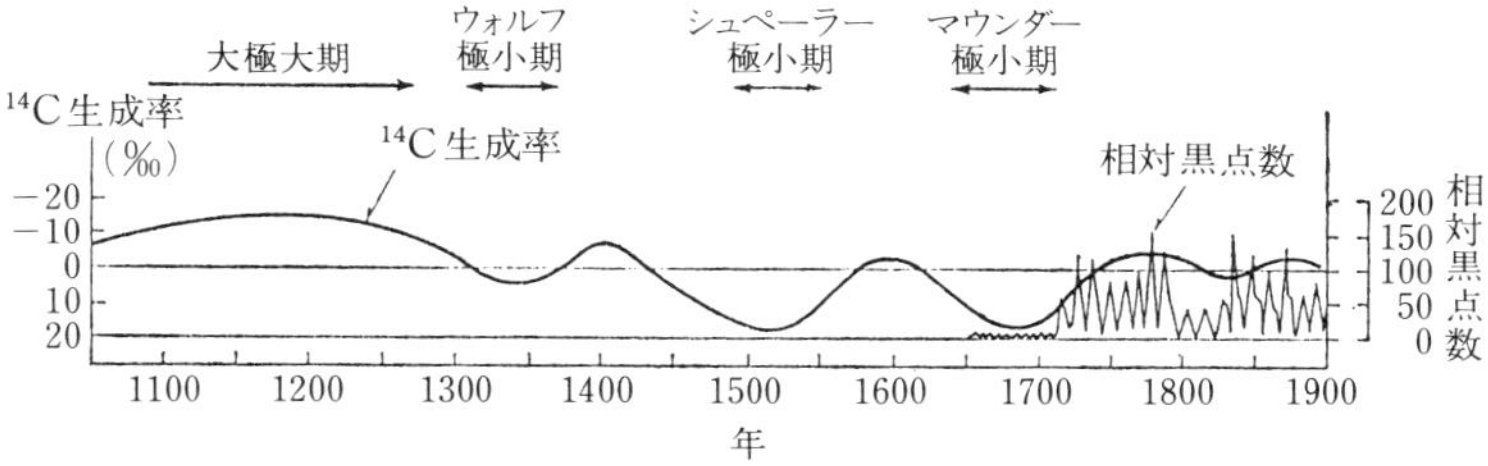

図14　太陽活動の長期変動

放射性炭素（^{14}C）の生成率の変動から推定した．1650年ごろから後には直接の観測記録がある．図23を参照（J. A. Eddy　1976による）

九世紀初めごろから温暖化が始まった気候は十三世紀終わりごろまでつづき、十一、十二世紀の気候は最も温暖化しており、温暖化がすすんでいる現在の気候よりも暖かだったことが、いろいろな資料から明らかにされている。研究者によっては、現在の方が暖かだと推定しているが、中世の時代がきわめて温暖化のすすんだ時代であったことに対する反証はない。

人口の大移動

十三世紀の末ごろから気候が寒冷化する徴候が現われ、アルプス以北の西ヨーロッパやイギリスではこの寒冷化が人びとの暮らしを直撃した。中世の暖かく良い気候に恵まれた環境の下で人口が著しく増加したが、この人口を養うために森を開いて農地とした。その結果、森に囲まれたアルプス以北の大地は開墾のためなくなってしまった。増加した人口は東方へと移動していき、現在のポーランド辺りにまで人びとの居住区域が広がった。

しかし気候の寒冷化が始まると、拡大した居住区域に開墾して作られた農地での農産物の収穫は減り、増加した人口を養うことが難しくなった。そのため十三世紀末から十四世紀半ばにかけて人びとの西方への移動が起こった。だが、増加した人口と農業の不振のために、人びとの多くは飢餓状態に陥った。健康状態が悪化した人びとは、当時流行したペストに悩まされた。

「ハーメルンの笛吹き男」

先にふれたように、中世の時代には、人口の東ヨーロッパへの移動が起こったが、この移動を象徴するかのような話が、ドイツのハーメルンに残っている。ウェザー河畔にあるこの町は中世の時代にはこの川の水を利用した製粉工業で知られていた。この町で、一二八四年六月二十六日に一三〇人の子供が笛吹き男の笛に踊らされながら、遂には近くの山中へと消えてしまい戻らないという事件が起こった。この話は実際に起こったできごとからつくられたもので、当時この町にたくさん生息していたネズミの退治にかかわっているという。私たちには「ハーメルンの笛吹き男」という童話で知られているが、子供たちの失踪にネズミが絡んでいることから、当時の気候条件を考えると、実際に起こった事件にもとづいてつくられたのだとする説明にも、かなりの説得力があるといえよう。

この事件が、人びとの東ヨーロッパへの移住に関係して生まれたものか、あるいはまた、ネズミが媒介するペスト菌による子供の大量死に関係したものかについては、今ではもう確かめる術もないが、この町の製粉工業がネズミの被害を大いに受けていたことはどうやら確からしい。気候が寒冷化に向かい野山での食物が欠乏してくると、ネズミなどの野生動物が食物を求めて人里に出没するようになる。製粉工業には小麦など大量の穀物がつきものだから、それらがネズミなどに狙われたこともあったであろう。

「ハーメルンの笛吹き男」は、ネズミたちを笛で巧みに操りながら町から連れだし、ウェザー川へと導き、ネズミをみんな溺死させてしまったという話である。当時この町に住んでいた人びとにとって、たぶんネズミは大敵であったことだろう。ネズミたちは消えてしまったのに、そのあとで子供たちもいなくなったのは、ペストにやられたのか、あるいは食糧の不足による餓死のためかと考えたくなる。食糧の不足は子供の体力の低下を招き、病気に対する抵抗力を弱める。このことが、子供たちを容易にペストの犠牲にしてしまったのではないだろうか。当時のペスト流行の発生状況をみると、流行の兆しはすでにみえ始めていた。

『デカメロン』に描かれたペストの流行

イタリアの作家、ボッカチオが著した『デカメロン』によると、ペスト大流行の発端は一三四七年の秋に、黒海からの貿易船であるガレー船がシシリー島のメッシナに入港したことにある。現在でもそうだが、トルコのザグロス山脈から黒海沿岸、カスピ海沿岸にかけての地域はペスト菌の巣窟《そうくつ》となっている。黒海からやってきたガレー船には多数のネズミが住みついていて、入港した時には甲板《かんぱん》などに多数のネズミの死体がころがっていたという。

ペスト菌はネズミやリスなどの齧歯《げっし》類につくノミに寄生しているが、これらの宿主動物が死ぬと人間にもとりつき、ペスト菌を感染させる。ペストに対する免疫ができていなければ感染した人たちはすぐに発病し、一週間から一〇日で激しい下痢と発熱のために死んでしまう。ペスト菌に冒された人のリンパ腺は腫張し、時には破れることがあり、みるも無惨な姿になるという。また激しい下痢のために脱水状態となり、死体は干からびて黒くなる。このことから、ペストは黒死病《こくしびょう》ともよばれた。口や鼻から肺へと感染したときには呼吸器官が冒され、呼吸困難に陥り、苦しみながら絶命したという。前者は腺ペスト、後者は肺ペストとよばれているが、後者の方が苦しみもはるかに大きいといわれている。

ボッカチオが描いたペストの大流行は、メッシナに端を発し、翌一三四八年にはイタリア半島へと伝播《でんぱ》し、その年の前半に、シエナ、フィレンツェ、ローマ、ピサ、ミラノなどにも病域を広げ、さらにその年の暮までに西ヨーロッパ全域を席巻し、流行の先端はイギリス南部にまで伸びている。そして一三四九年の終わりには、アイルランドからスコットランド、ノルウェー西部、デンマーク、北ドイツ海岸地方にまで広がっている。免疫のない人びとが、いかに容易にペストにかかったかがわかるであろう。当時、フィレンツェでは、わずか数ヵ月の間に人口が三分の一にまで減ってしまったと記されている。

ガリレオもニュートンもペストを見た

ペストの流行が猛威を振るったのは一五〇〇年ごろから一七〇〇年ごろまでの期間で、ボッカチオが『デカメロン』の中で語ったペストの流行は、ペストの流行史の中で、最も早い時期のものであった。一六一九年に宗教裁判のために、フィレンツェからローマに召喚されたガリレオが、ペストの流行を理由にローマへの旅行の延期を願い出ている文書が残されている。また、ニュートンがロンドンを中心に大流行したペストを避けるために、ケンブリッジから生まれ故郷のウールスソープへ帰っていた一六六四年から一六六六年の間に、物理学の歴史に残る万有引力の法則や力学法則の発見をしている。また微積分法を発明したのも、この間のできごとである。本書で扱っている十八世紀の終わりごろから十九世紀初めの四〇年ほどの時代には、ペストの流行はすでに沈静化していたが、大流行に生き残った人びとやその子孫には、もはやペストにかかる危険はなかったのであろう。

私たちはペストの流行が今後起こるであろうなどと全然考えないが、現在でもペストの病巣となる地域がなくなってしまったわけではない。このような地域としては現在、パミール高原西部からトルコのザグロス山脈にかけての領域と、アメリカ西南部のアリゾナやニューメキシコの山間部の二つがある。アメリカ西南部では今でも毎年何人かが、ペストのために死んでいる。将来にふたたび「小氷河期」のように気候が寒冷化した時代が地球を襲うようなことがあったら、ペストの大流行といったような事態が生じるのだろうか。現代の文明は、こうした環境異変にまったく動じない生活様式をつくりあげることができるのだろうか。一九七〇年代に気候寒冷化の兆候が見え、氷河時代に向かうのではないかと懸念された。これは危惧《きぐ》に終わり、現在では逆に、温暖化による環境破壊が心配されている。

気候の寒冷化が人びとを変えた

小氷河期の間で気候の寒冷化が最も厳しかった「マウンダー極小期」には、イギリスではテームズ川が冬にしばしば結氷した。馬に引かせたそりで人びとは凍った川の上を行き来したし、氷上パーティなどの催しも開かれた。イギリスでは一六九〇年ごろから、暖房などのために石炭が使われるようになっていったが、この燃料を最も必要とする冬にテームズ川が結氷のため輸送用の船が使えず、寒い冬が人びとの生活を直撃した。

ヨーロッパの歴史をみると、近代として区分される時代の始まりがマウンダー極小期という、気候の寒冷化が最も厳しかった時期に当たるのが面白い。この極小期は科学革命の時代ともなっており、ガリレオ、デカルト、ニュートンなど多くの天才が現われた。またホッブスやロックなど思想史上でも歴史に残る人が現われている。

この極小期が終わって六〇年ほどしてアメリカ独立革命が、さらについでフランス革命が起こっている。また、イギリスでは産業革命が十八世紀の後半から進行している。小氷河期が終息する一八五〇年ごろまでに、技術が科学の進歩に支えられるものであることが明らかとなった。芸術の領域ではロマン主義の思潮が人びとに迎えられるようになった。寒冷化した気候が、人びとのものの見方や考え方に大きな影響を及ぼすこともあるのではないかと考えたくなるのである。

気候寒冷化の時代

現在の温暖化の原因

十九世紀初頭の二〇年ほどの期間は、世界的にも気候が寒冷化しており、イギリスも例外ではなかった。小氷河期はすでに終末を迎えており、一八五〇年ごろから後には気候は温暖化の兆しを見せ始めている。この温暖化の傾向は多少の変動はあったものの、総体的にはその後ずっと維持されており、現在までつづいている。そこで現在叫ばれている地球温暖化の危機は、小氷河期が終息した十九世紀半ば以降の温暖化の傾向がつづいている結果ではないかとする見方も可能なのである。もちろん、現在の炭酸ガスの世界的な排出量の増加はできるだけ抑制されねばならないが、ここで述べたような事実も、私たちは常に記憶にとどめておく必要がある。

ディケンズのロンドン

イギリスの作家、チャールズ・ディケンズ（C. Dickens）は、一八一二年の生まれだから、気候が寒冷化した厳しい時代にこの世に生を受けたことになる。彼の幼年時代である一八一二年から一八二二年にかけての一〇年ほどの期間は冬期の気候が非常に厳しく、クリスマスのころはいつも雪で、どこでも水は凍りついていた。『クリスマス・キャロル』の中で彼は雪に埋もれたクリスマスの情景を描いているが、現実にこんな情景が起こっていたのであった。一八一三年から翌一四年にかけての冬には、ロンドン市中を流れるテームズ川が結氷し、人びとは氷上に繰り出し、氷上市が開かれている。

当時、テームズ川の結氷は、しばしば観察されている。特に厚い氷が張ったのは一八二〇年の一月半ばのことで、この冬には氷の厚さが五《フィート》（約一・五《メートル》）にも達したので、人びとはテームズ川の上を歩いて渡っていたという。現在ではテームズ川が厳冬といわれたときでも結氷することがないのは、ひとつには地球の気候が温暖化していることである。もう一つの理由は、旧ロンドン橋が取り壊された結果、川の流れが淀むことがなくなったことにもかかわりがある。

十九世紀初めの気候の寒冷化を間接的にだが私たちに教えてくれるのは、当時の画家、

図15　テムズ川上の市場

1813年から14年にかけてみられた光景．ルカ・クレメント画．

コンスターブルやターナーが描いた当時の風景である。厚い雲に覆われた灰色の空は、当時の天候がすぐれず、夏も涼しく冷たい年が多かったことを示している。

ニュー・イングランドの冷たい夏

気候の寒冷化は、アメリカのニュー・イングランド地方でも見られた。特に、タンボラ山が噴火した年とその翌年の一八一六年には冷たい夏となった。一八一六年の六月には遅い春だったが、暖かさが戻ってきた。五月半ばごろに襲った寒さと雨の不足のなかで生き残った作物が、ようやく成長し始めた。ところが六月六日に最初の寒波が到来し、ニュー・イングランド地方全体をおおってしまった。寒く風の強い日が十一日までつづき、この地方の北部一帯は吹雪に襲われ、積雪は一〇《センチメートル》から二〇《センチメートル》にも達した。二番目の寒波は一ヵ月あまりたった七月九日に襲来した。ついで三つ目の寒波が八月二十一日、四回目の寒波が八月三十日と襲来し、収穫を前にした夏の作物はほとんど全滅してしまった。冷害に強い種類の穀物類や野菜がかろうじて生き残っただけであった。トウモロコシはほとんど実らなかった。

一八一六年の六月初めに襲来した寒波にともなって、アメリカの東北部では雪が降って山々は雪におおわれた。この月の七日朝には霜が降り、木々の葉は凍ったあと黒ずんでしまった。八日から十日にかけても依然として寒さがつづき、畑の土は凍り、発芽したばかりのトウモロコシは枯れ、跡形もなく消えてしまっていた。

　アメリカ東北部の気候も、イギリスやヨーロッパ大陸の国々と同じように気候の寒冷化が著しかった。フランスとスイスにおける気候の推移についてはブドウの収穫日から推測して、一八一二年から一七年にかけての期間は、寒い春と夏の六年間であった。アルプス氷河の前進が一八二〇年ごろには著しく、凍りつくような寒い春と冷たい夏がつづいた。

　十九世紀初頭の二〇年ほどの期間、わが国では天明の大飢饉のような事態は起こっていない。だがきわめて寒い冬と遅い夏の到来については、しばしば記録されているから、東アジアの地域でも気候の寒冷化が起こっていたことがわかる。当時、北蝦夷《えぞ》の調査にでかけサハリンからアムール河をさかのぼるまでの探険を試みた間宮林蔵《まみやりんぞう》は、冬の厳しさについて折にふれて記録している。気候の寒冷化が全世界的に起こっていたことが窺われる。

人口動態

イギリスの人口

小氷河期におけるヨーロッパの人口は、農業生産の不振とペストの大流行の二つにより大きく減少した。ボッカチオの『デカメロン』に描かれたペストの流行では、当時のイタリアの人口は三分の一にまで減ってしまったという。しかしながら、人口統計が行なわれていなかった当時のことゆえ本当のところはわからない。だが、中世の温暖期において爆発的に増加した人口が十四世紀初めごろから減り始めることについては、間接的ながら、イギリスにおける人口の推移に関する統計資料がある。

小氷河期において気候が最も寒冷化した「マウンダー極小期」には、増大傾向にあった人口はふえず停滞している。十八世紀に入り、この極小期が終わったあと、人口はふたた

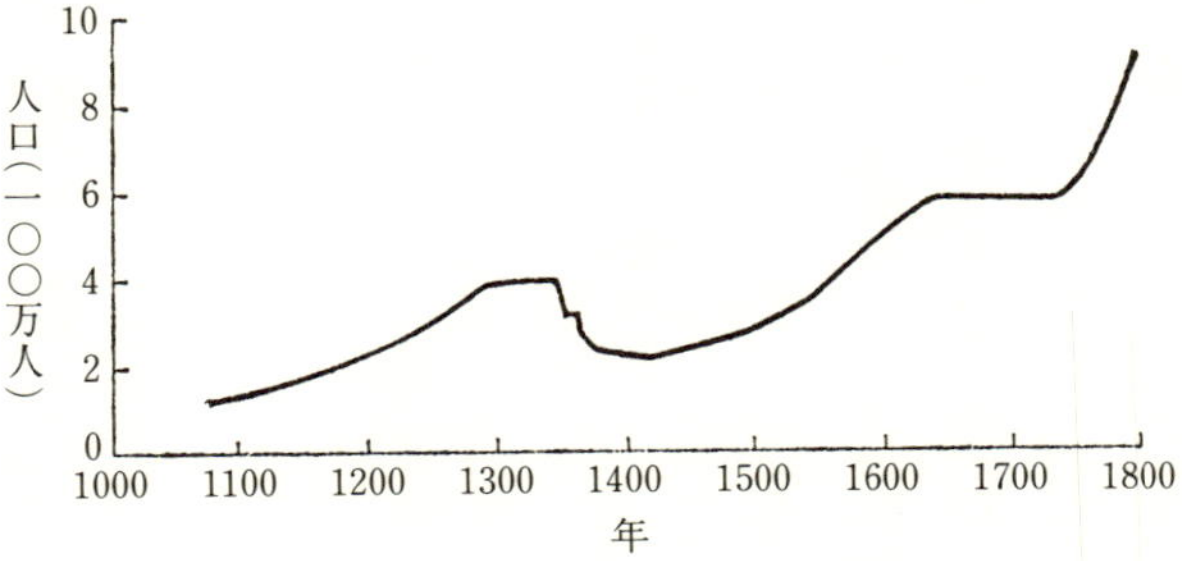

図16　イギリスにおける人口推移（H. H. Lamb　1972による）

び増加し始め、十九世紀の終わりころから十九世紀初めの二〇年ほどの期間についても、この増加傾向は維持されていた。気候の寒冷化にもかかわらず人口が増加傾向を示したのは、産業革命により人びとの暮らしが改善されたことに関係があるものと思われる。

一八〇〇年ごろから以後、イギリスの人口は増加をつづけ、この傾向は加速的な傾向を示している。この傾向は、イギリスだけでなくヨーロッパ各国の人口にもみられる。またわが国の場合には江戸時代を通じて、人口はほぼ一定に維持されていたが、一八五〇年ごろから以後は増加に転じている。

現在の世界人口の動態

世界の人口動態についてみると、二十世紀の初頭から以後現在にいたるまで人口の増加は加速的にすすんでおり、六〇億をすでに超えている。現在ではヨーロッパ各国やアメリカのような先進国では、人口の増加はほぼ止まって一定の状態に保たれている。だが、発展途上国では現在でも、人口増加が加速度的に起こっているから、富の分配をめぐって今後に大きな国際問題を生む可能性がある。地球上に現在生存するすべての人びとが、アメリカやわが国における人びとの暮らしと同じ水準の生存環境を要求したら、地球資源は涸渇し、破滅的状況に陥ることであろう。

農業生産の不振と人口減少

小氷河期に突入した直後のヨーロッパでは、増加した人口を支えるに足りるだけの農業生産力がなく、多くの人びとが餓死した。当時は農業生産に余裕を生むだけの穀物などの収穫がなく、人びとはいわばその日暮らしの状態にあった。フランス革命直前のフランス農民の暮らしについてはすでに述べたが、彼らの大部分が貧農で、穀物の数年分の貯蔵などとても不可能なことであった。したがって単年度であっても、農産物の不作がいったん起こると人びとの暮らしは極端に悪くなり、飢餓状態にすぐにつながった。

十九世紀初めごろのイギリスは気候が寒冷化しており、人びとは厳しく寒い冬と冷たい夏を送らねばならなかった。だが、産業革命は農機具の改良も可能とし、ヨーロッパ大陸の人びととは生活状況が明らかに異なっていた。

オースティンの『エマ』は語る

彼女は真実を語った

オースティンの生きた時代

火山の噴火と冷夏

イギリスの作家、ジェイン・オースティンが『エマ』(*Emma*)の執筆を始めた一八一四年の初めから、原稿を完成した一八一五年の三月末までの一年あまりの期間は、寒い冬と冷たい夏にみまわれていたときであった。この作品の中で、彼女が「リンゴの花が七月に咲いた」と書いているのは、自分が病気で苦しんでおり、正しい季節の判断がすでにできなくなっていたからだとされているが、暑い夏が来なかったのだから、彼女の観察に誤りはなかったのである。

この作品は一八一五年の十二月に出版されるのだが、この年の四月にタンボラ山が噴火し、吹き上げられた火山灰やチリが成層圏に長期にわたって滞留し、日光をさえ切り、涼しい夏をもたらした。彼女の病気については、残された記録からみると、副腎皮質不全症つまりアディソン病であったようだが、本当のところはわからない。リンゴの開花期をまちがえたのは、この病気で苦しんでいたからだとするのが、彼女の伝記を書いた遺族の判断である。だが気候の寒冷化が、リンゴの開花期を、こんなにも遅らせたのであるとするのが正しいのである。

彼女が生まれたのは一七七五年の十二月十六日で『セルボーンの博物誌』について前にふれたとき、この年の冬は寒さが大変に厳しかったことを述べた。彼女がその生涯を送った四〇年に満たない期間は、気候が不順で寒冷化が著しかった。こんなひどい時代だったことについて、彼女が知る由もなかったが、現在のように気候学的な研究がすすんだ時代からみると、気の毒だったなという感じがする。

乳幼児死亡率

彼女が短い生涯を送った時代はいま述べたように気候が寒冷化しており、人びとの暮らしはその直撃を受けた。その中でも特に注目すべきことは、乳幼児の死亡率の高さである。五歳に達するまでの死亡率（mortality rate）は五〇%以上ときわめて高かった。このような時代だったのに、ジェインは健康で健やかに育っていったという。しかしながら、成人して後、さきにふれたように、彼女は病気に悩まされることになった。この病気については、寒冷化した気候と因果的にかかわりがあるかどうかを知る何の手がかりもない。

イギリスの発展

ジェインがまだ一〇歳にも達していない一七八三年の夏には、わが国の浅間山とアイスランドのラーキ山とが大噴火し、大量の灰やチリが大気の上層に吹き上げられ何年にもわたって成層圏にとどまり、日光をさえ切り、寒さの厳しい冬と涼しい夏とをもたらした。

すでにふれてきたように、彼女が生まれた翌年には、アメリカでは独立革命が起こっているし、一七八九年にドーヴァー海峡を隔てたフランスではフランス革命が起こっている。また祖国イギリスでは産業革命が進行しつつあり、世界帝国への道が拓かれつつあった。農機具の改良も、鉄を用いてすすみ、農業の面でも経営方式が大きく変わって大規模な農場経営へとすすむことなどから、当時のヨーロッパの穀倉といわれるほどに穀物の生産は増加した。

ジェインの家族

ここで、ジェイン・オースティンの生涯について素描を試みてみよう。いくつかの伝記が出版されているが、それらによるとオースティンの一家は、家族の一人ひとりが互いに細かな愛情によって結ばれ、礼儀も十分にわきまえた知性と教養がほどよくバランスした家族であった。こうした家族となるには、ジェインの父、ジョージ・オースティンの存在が大きかった。彼はオックスフォードに学んだあと、聖職者として、二つの村の教区牧師を兼ねていた。

彼は一七六四年、後のジェインの母、カッサンドラ・リーと結婚し、やがて八人の子供をもうけた。父のジョージは教区牧師としての仕事を誠実に果たしながら、趣味と実益を兼ねて農作物を栽培していた。また、私塾を開いて上流家庭の子弟を預って教育し、不十分な家計を補った。子供たちの教育については女子を学校に短期間入れただけで、その他はすべて自分の私塾と家庭を通じて行なった。当時としては、このような教育の仕方は普通のことであった。

図17　ジェインの肖像画
服装とかぶり物に注意．寒い時代の風俗であった．姉のカッサンドラが描いたが，姪のカロリーヌによるとあまり似ていないという．

ジェインの誕生

ジェインはオースティン一家の七番目の子供として、一家がスティーヴントンの牧師館に住んでいたときに生まれた。さきにふれたように気候が寒冷化していた時代の年の暮れであった。この地に父が隠退したあと、バースに移るまで二六年にわたってここに住んだのだから、自分の生涯の半分以上を、ここで過ごしたことになる。

スティーヴントンは、ノース・ダウンズとよばれる白亜質の丘陵地帯にある北ハンプシャーの小さな村で、穏やかな田園が広がっていた。『セルボーンの博物誌』の舞台となったセルボーンから数十キロメートル西に位置するこの地方は、春には桜草、アネモネ、ヒヤシンスなど野生の草花が咲き乱れ、いろいろな鳥たちの鳴き声も聞かれた。こうした情景は、ホワイトが記したセルボーンの景色とよく似ているので、ジェインにもよい影響を与えたものと推測されるのである。

父の死

一八〇五年一月二十一日に、父のジョージ・オースティンが亡くなった。彼女の兄弟や姉にとって、この父は、彼女によれば「素晴らしい父親」であった。

父の亡きあと、母カッサンドラは娘二人とともに暮らしを立てねばならなかったが、父の残した年二一〇ポンドの収入では楽な生活はできなかった。だが、母と娘二人の生活を支えたのは息子たちで、彼らが金を出しあって年額四六〇ポンドで生活できるようにした。これにより住込みの召使を一人雇うことができ、落着いた生活と、ときには三人して友人などを訪ねる旅行などもできた。

このあと母と二人の娘は、何度か住居を変えたが、一八〇七年の三月にはサザムプトンのキャッスル・スクェアへ移った。ここでの生活は比較的落着いたもので、そのころだんだんとふえ始めた甥《おい》や姪《めい》たちとの接触を通じて、自分が彼らの叔母であることの自覚ができていったようである。この地に落着けるとの予想は、兄エドワードの妻の死によって満たされなかった。彼が母と妹に近くに住んでもらいたいと希望したからである。こうしてスティーヴントンからあまり遠くないチョートン・コテッジに住むことになった。一八〇七年七月のことであった。

作家の誕生

このときジェインは三三歳で、ここを第二の故郷として亡くなるまで穏やかで充ち足りた日々を送ることができた。このような環境の中で、それまで押さえられていた創作意欲がふくらみ、それまでに書いてあった三編のうちの二編を加筆して出版、また新たに三編を執筆してそのうちの二編を生前に出版し、作家ジェイン・オースティンが誕生したのだった。一八一一年十一月には『分別と多感』（*Sense and Sensibility*）を、一八一三年一月には『自負と偏見』（*Pride and Prejudice*）を、一八一四年五月には『マンスフィールド・パーク』(*Mansfield Park*) と順に出版し、一八一五年十二月には『エマ』(*Emma*) が出版された。他に原稿が完成していた『説得』(*Persuasion*) と『ノーザンガー・アベイ』(*Northanger Abbey*) は、死後に出版された。

ジェインの作風

作品の執筆にあたっていた期間が短かったことと、当時の出版事情が女性作家に対し厳しかったことなどのために、作品の数は多いとはいえない。だがこれらの作品はすべて、彼女の実生活からの取材にもとづくもので、イギリスの十八世紀にみられた伝統的な地方中産階級の写実的な描写からなる。正確な観察と簡潔な表現に、イギリス流ともいうべきユーモアに包まれた作品で、語られたことがらが自然に納得できるものとなっている。

すでにふれたように、ジェインは健康にすぐれず、病気のためにあまり長くない生涯を送るのだが、今述べたように彼女が作品の中で扱った世界はきわめて限られたものであった。だが、今でも多くの読者から迎えられているし、イギリスでは彼女の作品の多くが必読書のリストに現在でもあげられていることは注目されてよい。

彼女が生涯を送った四〇年ほどの期間は寒冷化した気候の下にあり、冒頭にも記したように夏の来ない年もあった。こんな気候の下で過したことが、彼女の生涯を短いものとしてしまったのであろう。晴れた日があまりなく、灰色の雲におおわれた空の下に、雨やみぞれの中で日々の生活を送ることが健康上によい結果を残さないことについては、現代に生きる私たちにも十分に了解できることである。

『エマ』を書いていたころ

『エマ』執筆前後

ジェインが『エマ』を書き始めたのは、一八一四年一月末のことで、チョートン・コテッジにおいてであった。当時ヨーロッパ大陸では、ナポレオンが野望も空しく、戦いに敗れ、この年の四月初めに彼はエルバ島へ送られた。すでにふれたように、この年の五月には『マンスフィールド・パーク』が出版されている。彼女は翌年の一八一五年三月の末にはこの作品を書きあげてしまい、次の作品である『説得』の執筆を八月初めに開始している。同じ月の間に、彼女は『エマ』の出版交渉のためにロンドンにでかけ、九月初めにチョートンに帰っている。その交渉はうまくいって、その年の十二月の終わりにこの作品は出版された。

この作品を読んだ兄のエドワードは、ある日興奮気味に彼女のところへやって来て、「ジェイン、七月に咲いたという君のリンゴの木々が、どこにあったのか話してくれないか」とたずねたという。作品の中で、彼女はただ単に、“orchard in blossom”と書いているだけなのだが、ここのところに注がついている。この注は、次のようになっている。

A notorious ‘mistake’, since apple blossom is well over by mid-summer.（とんでもない〃誤り〃、リンゴの花は真夏になるまでに終わっているのだから。）

この遺族の注につづいてさらに、身内の人たちが編集した、ジェイン・オースティンの生涯と書簡、それに家族の記録をまとめた、一九一三年にロンドンで出版された本を参照すること、としてある。

リンゴの花

この作品を書いていたころのジェインは、すでに病気がちで健康がすぐれなかったので、季節をまちがえて、夏の真盛りである七月にリンゴの花が咲いたとしてしまったのだと解釈されている。だが、リンゴの開花が七月だったことについては、さきのエドワードが「ナイトリー氏のところのリンゴの木に、彼女が七月に花を咲かせたのだ」とも言っているから、病気のせいにするのは誤りだといってよいであろう。

実際に、一八一六年の七月は湿った野山のために花はあまり咲かなかったし、この年は穀物の収穫のない年だったのである。まるで悲劇が足元まで迫っているかのように、よく雨が降ったのであった。悪い天候のために、小麦の作柄は大変に悪かった。この年の春には、ジェインは健康を害《そこな》った。しかし、それでも『ノーザンガー・アベイ』の出版に向けて、原稿の校訂をしたり『説得』の初稿を仕上げたりと忙しかった。

ジェインの健康状態

その後、一八一七年の一月二十七日には『サンディトン』(*Sanditon*) の原稿を書き始めたが、三月半ばで筆を絶っている。彼女の健康状態が、仕事をつづけることを断念させたのであった。自分の死期の近いのを悟ったのであろうか。彼女はこの年の四月二十七日に遺言を作成している。それから三ヵ月ほど後の七月十八日に、彼女はこの世に別れを告げた。その年の秋には、死後となったが『ノーザンガー・アベイ』と『説得』の両作品が出版された。

『エマ』の中にたった一回現われるだけのリンゴの開花期について、いろいろといい過ぎるという印象を持たれる方々があろう。だが、ここで指摘したかったことは、ジェインの自然に対する観察眼が鋭かったことを示すことであった。病気のために、この眼が狂ってしまっていて身内の者から「とんでもない〝誤り〟」とされたのは、まちがいなのだということをいいたいのである。

今までにも『セルボーンの博物誌』の中で、ホワイトが述べていることにも気候の寒冷化を示す文章があることについて指摘しているし、コンスターブルやターナーの描いた絵画の中にも彼らが生きた時代の気候が反映していることについても述べた。

ジェイン自身は、現在私たちが経験しているような温暖な気候について経験もしていないし、こんな気候があろうなどと想像することすらできなかったはずである。だとするなら、彼女は自分の生きた時代に見た自然つまり外部環境が当たり前のものに映ったにちがいない。だからこそ、自分の作品の中に、七月に咲いたリンゴの花を描きだし、それを全然疑問にも感じなかったのである。

冷たい夏の風俗

服装の流行

日常経験から私たち自身もよく承知していることだが、寒い冬には寒さを防ぐために衣類を重ねて着たり、保温に適当な衣類を着たりして、私たちは日々を過ごす。しかし、服装の様式には気候の寒暖だけによっては決まらない要素がある。流行は人間が意識的につくりだすものだから、気候や季節の移り行きのみによって決まるわけではない。

ヨーロッパでは、フランス革命後の一七九〇年に入ってから、女性の胸部など肌を露出して見えるようにした洋服のデザインが流行となっていたが、結局は胸部などを寒さから護るためのものへと変わったのであった。革命によって変わった人びとの意識が、衣類など身につけるものに対して大胆に肌を見せるようにしたデザインをもたらしたのである。だが当時、北から吹きつけた冷たい風が、女性の洋服のデザインに対して革命以前の伝統的なものに戻るように強いたのであった。寒冷化した気候が、衣類など身につけるものの様式を変えたのである。特に著しい様式は〝胸部の友〟(bosom friend)というふうによばれた。

衣裳のデザインが変わる

ジェイン・オースティンを描いた肖像画が何点か残されているが、それらをみると首まわりまでおおうようにデザインされた洋服を着ている。また頭には髪の毛をおおうというよりは頭部を暖めるための工夫と思われる帽子(?)をつけている。彼女に所縁《ゆかり》のある人たちの衣裳をみても、胸部を露に見せるようにした衣類を身につけている女性たちはいないし、頭にはたいていなんらかの被《かぶ》りものをつけている。

男たちの衣服の場合は、襟元《えりもと》が高く、首まわりをおおうように襟を高くした洋服となっている。首まわりを寒さから護るようなデザインのものとなっているのである。残された肖像画の多くには、男たちがマフラーを首のまわりに巻いているのが見られる。

女たちの衣服については、裾《すそ》は床をひきずるほどに長くなっている。これも寒さに対する備えなのであろう。歩きにくかったかもしれないが、生活上の不便さよりも寒さから身を護ることの方が大切であった。

一八〇〇年前後のヨーロッパ

気候が寒冷化した時代

気候温暖化と現在

炭酸ガス排出の抑制

現在、気候の温暖化が懸念されており、温暖化対策や地球環境保全の方策をめぐって国際会議が各国政府間で、またいろいろな科学研究者たちの間で、頻繁に開かれている。

地球気候の温暖化に対処する目的で設置された政府間レベルの「気候変動に関する政府間パネル」（IPCCと略称）は、この温暖化の傾向に対し今後の予想される推移について、毎年研究成果を公表している。

今から一〇〇年ほど以前から現在にいたるまで、気候は全体的にみて温暖化の傾向を示している。この傾向が人類の産業活動による炭酸ガスの排出量の増加によるものとして、このガスの排出を押さえるために、各国が努力するよう要請されており、国際的な面からの目標も現在では設定されている。地球温暖化物質である炭酸ガスの排出量を押さえることは経済の発展にとっては障害となるかもしれないが、人類の生存条件を脅かされないように維持するよう私たちが努力するのは、当然の義務だといってよいであろう。

だが一つだけ留保したいことは、人類史が同じ気候条件の下で営まれてきたのではなく、現在よりももっと温暖化していた時代もかつてあったし、逆に現在よりもずっと寒冷化していた時代もあったという事実を考慮して、現在の気候の温暖化傾向をあらためて見直してほしいという点にある。

小氷河期以後の温暖化

すでにふれたように、小氷河期（Little Ice Age）とよばれる気候が寒冷化した時代が、あまり遠い過去でない一三〇〇年ごろから一八五〇年までの五五〇年ほどの期間にあった。この小氷河期が終わった後、気候の温暖化が現在までずっとつづいてきた。マウンダー極小期のあと一七一〇年ごろから温暖化が始まった気候は、一七七〇年代の半ばごろから寒冷化に向かい、一八一〇年前後の二〇年ほどの期間には寒冷化がその極に達していた。

この寒冷化のために、人びとの暮らしは大きな影響を受けた。冷たい夏のために穀物やブドウなどが不作となり、その結果、フランス革命のような事態が生じたのだとする歴史家さえいる。一八〇〇年前後の四〇年あまりの時代は厳しい寒さの冬や冷たい夏がしばしば起こっており、それが当時の人びとの暮らしを直撃したのである。

アルプス氷河の動き

世界の極地方や高山帯に形成されている氷河は気候の長期変動にともなって、その規模や広がりが変わっていく。気候の寒冷化がつづくと氷河の末端部が拡大し、人里近くにまで伸びてくる、言い換えれば前進する。逆に気候の温暖化がつづけば、氷河の末端部は縮小し、山の頂上部の側へと後退する。

氷河の前進と後退

小氷河期の中でも寒さの最も厳しかったマウンダー極小期には、スイス・アルプスの氷河群が前進し、人家が点在する人里にまで、その末端部が伸びてきた。このような氷河の前進については、マウンダー極小期について詳しく研究したアメリカのジャック・エディ(J. A. Eddy)が、アルプス氷河の前進と後退について、紀元前二〇〇〇年ほどにまでさか

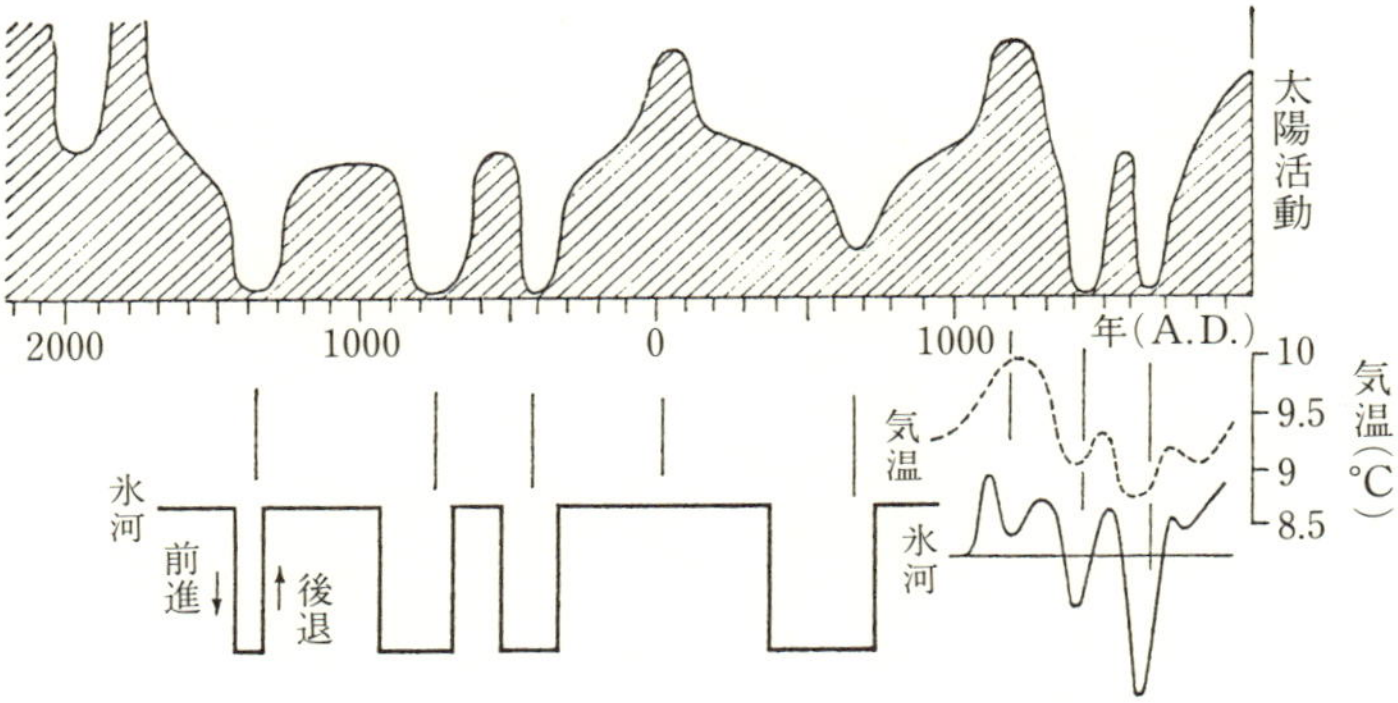

図18　スイス・アルプス氷河の前進と後退

太陽活動の長期変動が比較のため示してある．ロンドンにおける年平均気温と氷河の消長との間には対応関係がある（J. A. Eddy　1976による）

のぼって調べている。その結果によると、気候の寒冷化が厳しかった時代には、氷河の末端部の前進が常にともなっていた。紀元九〇〇年ごろから一三〇〇年ごろまでつづいた著しい温暖期には、アルプス氷河の後退が著しく氷河は山の頂上近くにまで後退してしまった。

アルプス氷河の前進

氷河の前進と後退が気候の長期変動にともなって起こっている事実は、小氷河期が終結した一八五〇年ごろから以後には、氷河の末端部の後退がともなっていることを予想させる。現在ではすでにスイス・アルプスが実際に後退をつづけていることが明らかになっている。

十九世紀初めに気候の寒冷化がみられた一八一〇年ごろから一八二〇年ごろにかけての期間

図19　アルジャンティエール氷河の消長

上は1966年に撮影された．下は小氷河期末期の1850年ごろに描かれたエッチング（J. Imbrie and P. Imbrie, 'Ice Ages: Solving the Mystery', Enslow　1979による）

には、アルプス氷河の激しい前進が観察されている。一八二〇年ごろにみられたアルプス氷河の前進は特に著しく、気候は凍りつくような春と冷たい夏とをもたらした。

ヨーロッパ大陸の気候条件には、オーストリアからスイスに広がるヨーロッパ・アルプスによって、地中海側にあるイタリアやギリシャの気候条件とは大きく異なっている。地中海側の気候条件は海洋の存在による緩衝作用のために、一年を通じて温和なものとなる。それに対しヨーロッパ大陸の気候は、小氷河期においては、冬は深い氷霧におおわれることが多く、冷雨や雪の降る厳しい寒さに閉ざされていたものと思われる。イギリスでは北上するメキシコ湾流からの暖気によって、ヨーロッパ大陸ほどの寒さを厳冬期でも人びとが味わうことがない。

科学を利用した気候変動の分析

気候の長期変動の研究は、氷河の前進・後退というような直接目で観察できるような対象にもとづくもののほかに、堆積した厚い氷河や雪の中に閉じこめられた酸素や水素の同位体の蓄積量を測定することからもなされる。たとえばグリーンランドの氷床をボーリングして取り出した氷柱は、過去何千年にもわたる雪の堆積した結果であるから、毎年の積雪量の見積もりから氷柱に閉ざされた酸素や水素の同位体の量を、氷柱の各部について測定することから毎年の積雪量の経年変化を求めることができる。気候が温暖な時期における積雪中には、相対的に多く酸素や水素の重い同位体が含まれているので、これらの同位体の存在量を測定により求めることから、気候の長期変動のパターンを明らかにすることができるのである。

同位体による積雪の研究

よく知られているように、元素の質量はその元素の原子核の質量でほぼ決まってしまう。原子核はそれぞれ何個かずつの陽子と中性子から成るが、原子核の電気的な性質は、正電荷を帯びた陽子の数で決まる。したがって陽子の数が同じで中性子の数が異なる原子核は、質量が異なることになる。水素の場合は陽子数は一個なのに中性子数が一個か二個の原子核が存在する。陽子一個だけから成る水素の原子核が最もありふれたもので、中性子一個が付け加わったものが重水素核とよばれている。中性子二個が付け加わった三重水素は放射性で、自然界にはほとんど存在しない。これらの重い水素核を水素の同位体とよぶ。

水素と酸素の重い同位体

重水素が一個か二個結合してできた水の分子は、重水素を含まない水の分子にくらべてごく僅かだが重いので、この重い水分子を含む雪は、気候が温暖な時期の方がよく降る。この重い水分子が、海面などから比較的容易に上空に、蒸発により持ち上げられるからである。

酸素の原子核では一番ありふれたものが、陽子と中性子がそれぞれ八個から成るもので、中性子が九個あるいは一〇個からなる重い酸素の原子核もある。これら重い酸素の原子核、つまり酸素の重い同位体から成る水分子はより重いので、海面からの蒸発の効率は、気候が温暖化している時期の方が高い。

このような性質があるので、水素や酸素の重い同位体の氷柱内への蓄積量を測定することにより気候の長期変動について知ることができるのである。たとえば気候の寒冷化が著しかったマウンダー極小期には、水素や酸素の重い同位体の氷柱への蓄積量が、相対的に少なくなっている。現在では、こうした化学的な方法を利用して過去の気候変動を明らかにできるようになっている。

年輪と気候とのかかわり

毎年、年輪を刻む木に対しては年輪の幅を測定することにより、年輪が形成された年の木の成長率を明らかにすることができる。木の成長期に気候が温暖な場合には、その木の成長率が大きくなるから、毎年形成される年輪の幅を調べることによって気候の長期変動について推測することが可能となる。すでに枯れていたりして木の生育年代が不明な場合には、年輪中に蓄積された炭素（原子）の放射性同位体の存在量を測定することから、逆にこの生育年代が推定できる。

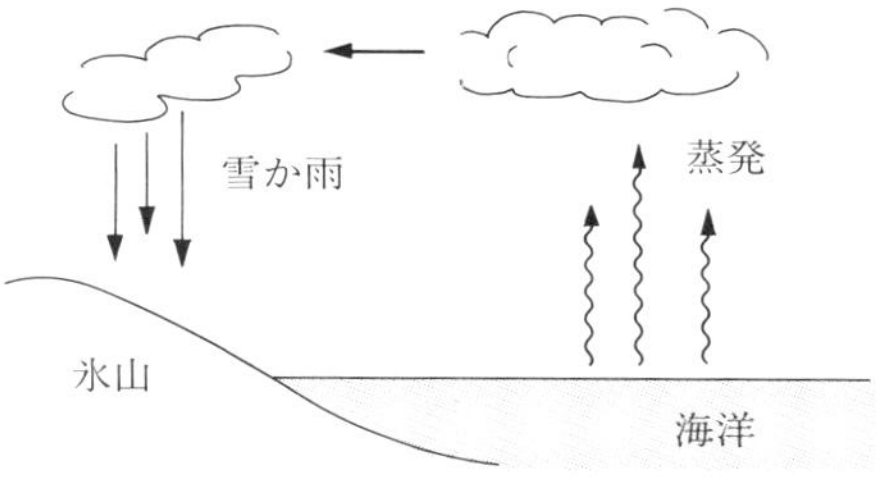

図20　海洋と氷山の間における海水の循環
温暖期には蒸発量が多く，雪や雨が極氷上によく降り，重い水（HDO，$H_2{}^{18}O$，D_2H，$D_2{}^{18}O$）の降る割合が増す．D は重い水素，^{18}O は重い酸素．

放射性炭素を利用する方法

炭素の同位体は放射性なので、ある決まった時間で窒素に変わってしまう。したがってこの同位体の生成率が一定していれば、木の生育年代やある年輪の形成年代が推測できることになる。この炭素の放射性同位体は、実は地球の上層大気中で、宇宙線とよばれる高エネルギー粒子により、大気中の窒素や酸素の原子核が破壊されて生じた中性子が窒素の原子核に吸収されて生成される。このことは、これらの高エネルギー粒子の地球大気中への到来数が一定していなくて、時間的に変動していると、この放射性同位体の年輪中への蓄積量を求めても木の正しい生育年代がわからなくなってしまう。

宇宙線強度は変化する

実際に、宇宙線粒子の地球大気中への侵入量は、時間的に一定しているわけではなく太陽活動の活発さに逆比例しながら変動している。太陽活動の活発さは太陽の光球面に現われる黒点群の数や面積によって測られているが、この数や面積はだいたい一一年の周期で増減をくり返している。さらに、この周期的変動に重なって一〇〇年程度の時間的な長さで変わる変動があり、こちらにはどうやら周期性はない。マウンダー極小期のように太陽の光球面から黒点群が消えてしまった期間や、中世の温暖期におけるように、黒点群が異常に多く現われていた期間もある。

地球大気中への宇宙線粒子の侵入量は、単位時間当たりでは、太陽活動が活発な時には少なくなるので、大気中における中性子の生成率が下がる。したがって、このような時期には、放射性炭素の生成率が低下する。すると見かけ上では、このようにこの生成率が下がっているときに成長する木の年輪中に取り込まれる放射性炭素の数が減るので、この木の年輪の生成年代が誤って古く見積もられることになる。

放射性炭素を利用した年代測定法

このような理由から、放射性炭素の数量から木の生育年代や炭や灰がつくられた年代を見積もる際には、誤りが生じる危険性を常にともなっている。このことを考慮すると、逆に木の年輪が形成された年代が同定できれば、木が成長していた年代における太陽活動の活発さが推定できることになる。たとえば生育の絶対年代がわかっているアメリカのカリフォルニア州東部を南北に走るホワイト・マウンティンズという山系に生育する松柏類の一種、ブリッスルコーン・パインの年輪中に蓄積された放射性炭素の量を調べることから、太陽活動の長期変動を明らかにすることができることになる。この木は大変に長寿命で七〇〇〇年から八〇〇〇年に達するものがあり、間接的ながら、過去の太陽活動の変動パターンを、こんなに長い期間にわたって見積もることが可能なのである。放射性炭素は五七三〇年の半減期で窒素―14（^{14}N）に戻るので、この元素の同位体の年輪中の存在量を利用して過去一〇万年くらいまでさかのぼって、太陽活動の活発さとその長期変動を見積もることができる。

産業革命とジュース効果

しかしながら一七七〇年ごろから以後は、産業革命の進展にともなう石炭の使用量の増加のために、大気中における放射性炭素の存在量が、普通の炭素のそれにくらべて相対的に小さくなってしまっており、木の年輪中に蓄積された放射性炭素の存在量から太陽活動の活発さを推定することができなくなってしまっている。これを、実証した科学者の名前をとって「ジュース効果」といっている（H. Seuss)。

スイス・アルプスの氷河の前進・後退のような地質学上の変動から気候の長期変動を研究する手段に加えて、酸素や水素の重い同位体の氷中への蓄積量や、放射性炭素の木の年輪中への蓄積量を化学的に分析するという新しい手段により、現在では気候の長期変動の研究はより確実なものとなっている。また、太陽活動と気候の両長期変動についても研究でき、両者間の因果的なかかわりをも推測することが可能となっている。

一八一〇年の前後二〇年ほどにわたって太陽活動が極端に低下していた事実は、当時の気候の寒冷化となんらかのかかわりがあることを推測させるのである。

ナポレオンのモスクワ

ブリューメール十八日のクーデター

一七九九年、エジプトに遠征していたナポレオンは、オーストリアやロシアなどの同盟軍がフランス国境に迫ったのを知ると単身で帰国し、この年の十一月九日に総裁政府を倒して統領政府を樹立し、自分は第一統領となった。このブリューメール十八日のクーデターとよばれる政変により、統領政府ができたのだが、これは三人の統領と四院制の立法府から成っていた。そのなかで彼はみずから第一統領となったのである。

国内の秩序を回復した彼は、一八〇〇年にはアルプスを越えて北イタリアに侵入し、オーストリア軍を破り、翌一八〇一年にリュネヴィルの和約を結んだ。さらにイギリスでは、対仏大同盟を結成したりしてフランスに対抗していた小ピット内閣が倒れ、和平への動きが見えたのに乗じて、イギリスとの間に一八〇二年にアミアンの和約を成立させ、ライン川左岸とイタリアに対する優越権を確保した。

　フランス国内の秩序と安定をもたらしたナポレオンは、一八〇二年には終身統領に推され、さらには国内政治や軍事面での諸改革の成果を背景に、一八〇四年には国民投票により皇帝となってナポレオン一世を名乗り、フランス史上はじめての第一帝政を布《し》いた。その間、行政面の任免権を握る一方で、徴兵制の実施により近代的国民軍を創設した。産業の保護・育成にも尽し、一八〇〇年にはフランス銀行を設立している。また、「自分の栄誉は戦勝よりも法典にある」のだと誇った、いわゆる「ナポレオン法典」を一八〇四年に編んでいる。

　皇帝となったナポレオンはしかしながら、対外的戦争に東奔西走することになった。一八〇四年にイギリスでは小ピットがふたたび内閣を組織すると、その翌年にはオーストリアやロシアなどの国と提携、第三回の対仏大同盟を結成し、フランスを包囲する体勢をとった。これに対してナポレオンはイギリス本土への上陸を試みたが、トラファルガー沖の海戦で、ネルソンの率いるイギリス艦隊により、フランスとスペインの連合艦隊が破れたため、計画は挫折した。

大陸におけるナポレオン

一方、大陸では、ナポレオンはウィーンを占領したあと、オーストリアとロシアの連合軍をアウステルリッツで破り大陸における覇権を握った。屈服したオーストリアは、ブレスブルクの和約により、ナポレオンのイタリアと南ドイツに対する指揮権を承認した。その結果、第三回の対仏大同盟は瓦解《がかい》し、イギリスは孤立することとなった。

大陸では、イタリア、オランダの両国を征服したあと、それぞれ王国を建設し自分の勢力下に置いた。一八〇六年にはドイツとライン右岸の一六の小国を合わせてライン同盟とし、みずからが保護者となった。これにより神聖ローマ帝国は、この同盟とオーストリア、プロイセンの三つに分裂した結果、滅びてしまった。独立を脅かされたプロイセンはロシアと同盟してフランスに宣戦したが、ともに破れ、ティルジットの条約を結んだ。その結果、プロイセンは領土の大半を失い、国の東西にウェストファリア王国とワルシャワ大公国が創設された。このころはナポレオンの全盛期であったが、スペイン国民はゲリラ戦術を編みだして抵抗し、一八一四年にはフランス軍を駆逐してしまった。

ナポレオンの対イギリス政策とロシア遠征

大陸から離れていたイギリスは、ナポレオンに対し抵抗をつづけていたので、その報復のために一八〇六年、大陸封鎖令を発し、イギリス経済を打倒しようと試みた。しかしながら大陸の国々は穀物などのほか日常必需品の多くをイギリスからの輸入に依存していたので、ナポレオンに対する反感が生まれた。また、フランス革命の精神を吹きこまれて民族的自覚を生みだした諸国では、大陸封鎖令とナポレオン一族による支配に反発、ナポレオンによる支配を断ち切る動きが生まれた。

当時、ロシアも大陸封鎖令に服さざるをえなかったが、農産物の輸出によりイギリスから生活必需品を輸入していたため、この命令に従うことができなくなり、イギリスとの通商を公然と再開した。それがナポレオンの怒りを買い、彼みずからがロシアへ遠征することになった。すでに述べたことから明らかなように、十九世紀初頭におけるヨーロッパの気候は寒冷化していたので、ナポレオンによるヨーロッパ諸国の征服は、こうした気候の不順期になされたのであった。ロシアへの遠征にあっても当然、寒さの厳しい冬と冷たい夏が考慮されていたことであろう。

この遠征は当初うまく事が運んだ。一八一二年六月二十三日に船でニェーメン川を渡り遠征が始まったが、コサックによるちょっとした抵抗があっただけであった。ナポレオンは、この遠征は九月には勝利のうちに終わるだろうと短期決戦の予想をしていた。シベリアにおける異常なほどに厳しく寒い冬を経験することなく、パリへ凱旋できるものと、彼は楽観的に見ていた。

ナポレオン軍がヴィルナへ接近していたころ、ロシア軍の主力はこの町をすでに放棄し、ドヴィナ川沿いのドリッサへと移っていた。六月二十八日に、この町へ入る前にナポレオン軍はロシア軍の攻撃を受けた。実はこのころすでに天候の点で苦境に陥っていたのである。ヴィルナへ進軍中に温和な天候は一変し、急に冷雨にみまわれた。ポーランドへ遠征した一八〇七年のときと同様に、道路は泥土でぬかるみ、進むことも思うようにいかなくなってしまった。軍隊は雨に濡れて冷たく、疲労と飢えで苦しんだ。食糧のわずかな配給はすぐに食べ尽されてしまった。また、土地からは農民たちも農産物とともに姿を消してしまっていた。トウモロコシや小麦などの穀物はまだ実っていなかったので、現場での徴発はできなかった。ヴィルナへの進軍ですでに飢餓と疲労のために兵士たちの死亡があいつぎ、夜間の身を切るような冷たい雨のために一万頭の馬が失われた。

アレクサンドル一世への提案

ヴィルナへの進軍で早くもこのような事態に直面したナポレオンは、休戦の可能性をロシアの皇帝アレクサンドル一世に対して探ることになった。ナポレオン軍の当時の内状について、シュワズル・グフィエ伯爵夫人はその『回想録』の中で、次のように語っているから、軍の士気自体にも、大きな問題があったのであろう。

ナポレオンの政策に巻きこまれたヨーロッパの全ての国民から成る六〇万の兵士が、大陸封鎖によって、さらに最近の徴発によって貧困の極に陥った国土を、弾薬も食糧もないままに、二つの戦線に分かれて進んで行った。

町も村も未曾有の大混乱に陥った、教会は荒され、聖器や墓までが汚された、哀れな女たちは犯された。……掠奪に加わった者たちは銃殺された。彼らは信じ難いほどの無頓着さで、パイプを口にくわえて刑場へと赴いた。今ここで死のうと、あとになって死のうと、似たようなものだったからだ……。遠征軍は三日もパンなしで過すことがあった。ヴィルナでは兵士たちは、煉りも焼きも不十分なパン、というより粗悪なビスケットのようなものを与えられた。騎兵隊は飼葉《かいば》に事欠いて、まだ六月末だというのに畑の麦を刈り取った。馬は虫けらのようにして死んで行き、死体は川へ投げ棄てられた。

今みたのは、ナポレオン遠征軍の事情だが、ロシア軍の方も同じような状況にあった。「兵士たちは靴もなく、外套には穴があいていた」し、また「食糧は不足しており、ミロラードヴィチの軍隊は五日間もパンが手に入れられなかった。戦意はきわめて低かった。兵士たち、さらには下級士官の一部までもが、略奪やこそ泥に時を費やしていた。全員を処罰することなど不可能であった」。

負け戦さのロシア軍は、ヴィルナからドリッサ、さらにはスモレンスクと撤退に撤退を重ねて、東へ東へと移動して行った。ナポレオン軍の主力は、七月半ばにはヴィルナからさらに進軍した。そのころの天候は変わりやすく、湿った冷たい天気から乾いて暑い天気へと変わったりした。

『戦争と平和』が語る気候

トルストイは『戦争と平和』の中で「七月十三日にパブログラード連隊は、はじめて戦争らしい戦争に出会した。戦いの前日、七月十二日の夜は、霰《あられ》まじりの恐しい暴風雨であった。全体として、一八一二年の夏は嵐の多いのが特徴であった」と、当時の気象状況について記している。

スモレンスクの戦闘

八月初めには、スモレンスクへの進撃をナポレオンは決定し、中旬までにこの都市の防御線を攻撃したが、望みどおりにはいかなかった。このころも異常な寒さにみまわれていたが、ナポレオンは閲兵《えつぺい》を行なって八月十五日には四三歳の誕生日を祝った。この攻撃は一進一退のうちに終わったが、フランス軍は一万から一万五〇〇〇の兵を失った。ロシア軍の損害はもっと大きかった。

スモレンスクからの撤退を決めたバルクライ将軍は、総司令官の地位を失い代わって六七歳のクトゥーゾフが任命された。彼は戦争は望まず平和を欲していたので、東方へと撤退する方が望ましいと考えていた。しかし九月初めには、モスクワから一二〇㌔ほど西にあるボロジーノに防御線を張った。九月五日には、フランス軍はボロジーノに到着、ナポレオンはただちに攻撃を命じた。戦況は膠着状態にあったが、二日後の七日に戦闘がふたたび始まり、フランス軍の大砲による攻撃は激しかった。クトゥーゾフ軍は四万の死傷者をだし、九万ほどの生存者を率いて、東方へと移動した。

ボロジーノの防御に敗れたロシア軍は〝神聖な中でも最も神聖な〟都市、モスクワからも撤退したが、この方針はクトゥーゾフにとっては、うまくいくであろう〝武器〟の最たるものであった。フランス軍の兵力もすでに著しく減っていたが、ナポレオンに従って一二〇歳の行進をつづけ、九月十五日には、モスクワに到着した。途中、時に狙撃されたが、これもごく稀なことといってよかった。彼がモスクワ入りした日の翌日には、モスクワはすでに燃えていた。

モスクワの大火

九月十五日の夜に火事が起こり、恐しいほど危険な燃え方で、それが三日間つづいた。さらに一日か二日、雨によって消えるまで時々火の手が上がった。ナポレオンは、ロシア皇帝、アレクサンドル一世に、「きらめくように美しいモスクワの街はもうない」と、火事が収まった二日後に報せている。また「火事にかかわった容疑者四〇〇人を捕えた。……彼らは銃殺された」とも伝えられている。

この火事にもかかわらず、モスクワという都市は、飢えて疲労した兵士たちには心を安める慰めとなったし、負傷兵たちの多くは手当てが受けられたのであった。フランス軍は、大砲などの武器を「戦争のために用意した量の三倍も使った」と、ナポレオンはヴィルナに駐在していた部下のマレーに書き送っている。

ナポレオンの伝記を著したアスプレイ（R. B. Asprey）は、すべてがうまくいってよかったのだが、このたびのモスクワ遠征で何をしようとしたのかについて、ナポレオンはわからなかったのではないかと言っている。どんな表現をとるにしても、ロシア人にとって神聖であった唯一つの、この古く美しい都市を、敵であるロシアが破壊し尽すなどとは、彼には予想しえないことであった。

十月半ばになっても、皇帝アレクサンドル一世から何の応答もなかったので、ナポレオンは十一月初めには占領したスモレンスクまで戻り、そこを前線にすべく考えた。だがこの町にも、新たに投入できる軍隊も食糧も残っていなかった。しかしながら数千に達する傷病兵たちは撤退させねばならなかった。燃え盛るモスクワでは、住民たちは街から姿を消していたのでフランス軍は占領にあたって何の障害もなかった。住人のいない家々ではフランス軍兵士による略奪により、食料品のみならず宝石そのほかの貴重品がなくなった。兵士たちはこれらのものを背負袋や上着のポケットなどに一杯入れて、今にも破れそうなほどだったという。戦争終結に対する交渉をしようにも、アレクサンドル一世との連絡もとれず、ナポレオンはいたずらに時間を過ごした。

寒さの中での撤退

炎上してしまって宿舎にできるような場所すら確保できないモスクワから、何百マイルという長い距離を兵士たちは、遠征のときにたどった経路を戻ることになった。しかし今度はうまくいかなかった。一日の長さが短くなると同時に、寒さも日ごとに厳しくなり、夜は長くさらに寒くなった。十月半ば過ぎには、昼はまだ日が照り、夜は非常に寒かったが、夜景はきれいにすら感じられたという。しかし、雨が行軍を遅らせた。十月末にはナポレオン軍の最後尾がモスクワを離れたが、このとき、クレムリン（冬宮）が破壊された。

十一月に入ると、寒くなった。「日は照っていても、氷点下三、四度となる……」と当時の気象について、ナポレオンは皇后のマリー・ルイズに書き送っている。十一月初めには、急に天候が悪くなり嵐となった。雪が軍隊を襲い、道路は氷に閉ざされた。倒れた馬は道路に置き去りにされ、兵士たちは死に直面して食べ物を探した。大砲などの武器や馬車、奪った貴金属や宝石類、その他の貴重品を一杯積んだ荷馬車も棄てられて顧みられなかった。十一月六日に早くも武装した一般人やコサック騎兵隊が、後退して行くボロボロの衣服をまとったフランス軍にしばしば襲いかかった。兵士たちは、人間というより〝動物〟になり下がってしまい、逃げまどった近衛兵すら、このような事態に陥ってしまっていた。

ロシア軍の追跡

ナポレオンの軍隊は崩壊してしまい、軍としての紀律は守られなかった。逃走するフランス軍を追って、クトゥーゾフが率いるロシア軍は、フランス軍の間に割って入ったり、退路を断ったりとあちこちでフランス軍を悩ませた。

『戦争と平和』の中で、トルストイは、フランス軍が勝手に崩壊していったのであって、ロシア軍はただ、逃げまどうフランス軍の後をついて行っただけなのだ、というふうに戦況を述べている。当然のことだが、気象状況についても時折ふれて厳しい寒さの到来についても述べている。たとえば、「十月二十八日に霜が降り始めてからフランス軍の逃走はいよいよ悲劇的な性質を帯びてきた。兵士は凍え死んだり、焚火の側で焼け死んだりしているのに、皇帝（ナポレオンのこと―著者）や王侯たちは毛皮の外套にくるまり幌馬車に乗って行くのであった。しかし本質上、フランス軍の逃去と崩潰の経過は、以前と少しも変わらなかった」と書いている。

フランス軍は、何もせずに放って置いても絶えず消滅しつづけた、とも述べている。一方、ロシア軍もたくさんの兵士を何ヵ月かつづく戦争で失ったが、それも零下一五度にも達する寒さの中で毛皮外套も長靴もないというひどい装備と、不足がちの食糧という状況ではさけられなかった。しかしフランス軍は十一月中旬には一〇万の主力軍がすでに三万六〇〇〇にまで減ってしまっていた。

十一月初めフランス国内では、ナポレオンが戦死したので、共和政に復帰するというマレー事件の報に対し、ナポレオンはパリへ急遽、戻ることになった。これは、共和派のマレー将軍が仕組んだ事件だが、この将軍がすぐに捕えられて終わった。しかし、ヴィルナに達する目的でベレジナー河を渡るころには、気温はすでに氷点下三〇度にもなっていた。クトゥーゾフのロシア軍は追撃の手をゆるめなかった。農民ゲリラの襲撃は断続してつづけられていたし、フランス軍は飢えと寒さに苦しめられた。

パリへの帰還

パリへと急行するナポレオンは、小さなパーティを組み、コーランクール将軍の秘書に身をやつして橇《そり》で出発した。長く厳しい寒さの中の行程で、しかも貧しい食事と宿営とで悩まされたが、ヴィルナ、ワルシャワ、ドレスデン、ライプツィッヒ、マインツと経由して、その年の十二月十八日にパリに到着した。ロシアへの遠征は失敗のうちに終わったが、彼は間もなく新たな戦争を始めるのであった。しかし、ロシアの大地に残されたフランス軍の兵士たちの大部分は、氷点下の気象条件とコサック騎兵隊の攻撃とで、失われた。

ロシアの祖国解放

一八一二年十二月二十五日のクリスマスの日、ロシアは全国の教会で、「数多くの民族」に蹴散らされた国土がついに解放されたことを祝う式典を行なった。ナポレオンに最終的な勝利を収めることができた理由は、正確なところ何だったか？　ロシアの冬の厳しさが直接の原因でないことは確かだ、と当時の人びとは考えていた。「撤退が始まった当初少なくともボリーソフまで、寒さは耐え難いほどではなかった。ベレジナー河を過ぎたところでようやく厳しい寒さが到来し、疲労と防寒服の不足と飢餓に悩む大遠征軍にとどめを刺した。一方、食糧も防備も比較的整っているうえに、自国の気候を知るロシア軍が、厳しい条件の中でさほどの被害を受けなかったのは、当然のことである。クトゥーゾフの巧妙なる作戦とは、要するに、前もって資源を焼き払った地方の奥深くナポレオンを誘い込み、瓦礫《がれき》と化したモスクワで閑暇と略奪のうちに、大遠征軍の軍規が崩壊するにまかせ、さらに敵が退却を始めるや、いやまさる迫力で攻撃をかけ、荒廃したスモレンスク街道を進むように仕向けつつ、マロ・ヤロラーヴェツ、ヴャージマ、クラスノーエでは、相当の戦果をあげることに成功し、同時に遊撃部隊（ゲリラ）を使いながら敵の野営地まで襲わせて、絶えず敵軍を悩ませたことにある。広範な民衆蜂起が彼の仕事の援けとなった。彼は社会のあらゆる階級が愛国心から行動を起こすと期待したのだが、その点で、彼は正しかった。戦争が民族的なものとなったとき、人びとはツァーリこそ、その意義を体現する方だと考えた。……」

この文は、トロワイヤが書いた時の皇帝、アレクサンドル一世の伝記から採ったのだが、クトゥーゾフ将軍に対する評価は、戦中・戦後と大変に悪かった。トルストイも、『戦争と平和』の中でこの将軍に対する皇帝の評価についてふれている。これは、「偉大ならざる人の運命なのだ」ということだそうだが、トルストイ自身は、歴史家の目では評価は低いだろうがといいながら「……史上の人物の中で、あれくらい一定不変の目的に精力を集中した人は、他に匹儔《ひっちゅう》を求め難いほどである。あれ以上立派な、あれ以上全国民の意志と一致した目的は、ほとんど想像するのも困難なほどである」と高く評価している。歴史を語ることの難しさについて、十分に心得ていたからこそ、この作品の「エピローグ」で、歴史をいかに語るべきかと自分の見解を述べているのであろう。

トルストイの人物観

一八一〇年代のヨーロッパは、マウンダー極小期の末期以来の厳しい寒さにおおわれていた。こんな気象条件の中で、ナポレオンはロシア遠征を決行したのだから、当初予定されていたように短期決戦でロシアを屈服させられなかったのは、大きな誤算であった。また、歴史的にも由緒がある美しい都市、モスクワが灰燼《かいじん》に帰してしまっていることなど、予想外のことであった。

戦争と気象とのかかわり

戦争と気象との関係が、一八一二年におけるナポレオンとアレクサンドル一世との対決にとって、決定的な役割を果たしたことを、ここであらためて注意しておきたい。ロシア遠征に失敗したナポレオンは翌一八一三年には、フランス軍を建て直してふたたび、ヨーロッパに戦争を挑むのだが、これもついには敗れて、エルバ島に送られてしまうのである。

ゲーテがみたイタリア――風景をいかに見たか

ゲーテの自然科学研究

ゲーテは、その文学作品を通じて名前をよく知られている。たいていの人が、彼が著したなんらかの作品を読んでいるにちがいない。だが、この人が自然科学の世界にも並々ならぬ関心を抱いて、研究（?）していたことは、たぶんあまり知られていないであろう。彼にとっての最高の傑作は『色彩論』なのだと、自分でそう考えていたことは、『ゲーテとの対話』の中で、エッカーマンが彼から聞いたこととして記しているから、まちがいないであろう。

光と色についてのゲーテの理解は、物理学的には完全にまちがっていたのだが、その誤りに全然気がつかないどころか、ニュートンによる光学の研究結果がまちがっていると主張しているところをみると、自然現象を物理学的に解き明かすということがどのようなことなのか、彼にはついに解らなかったらしい。それはともかく、光に憧れにも似た感情を彼が抱いていたらしいのは、ヨーロッパ・アルプス以北の地では、冬は低く垂れこめた霧におおわれて、冷たい日々を過ごさねばならなかったこととかかわっているかもしれない。

明るい陽光への憧れ

ゲーテは三〇代半ばすぎに偽名を使い、画家として、アルプスのブレンナー峠を越えて北イタリアに入り、その後、南イタリア、シシリー島へと旅をした。この旅行は、一七八六年九月初めに始まり、一七八八年六月末にワイマールに帰ることで終わった。この二年近くのイタリア旅行で、ヨーロッパ・アルプスの北と南とで気候の様相が著しく異なることに気づいた。地中海側のイタリアでは、陽光に恵まれ、山々の緑や山肌にみえる岩石の色までが原色に浮き立って見えることを見出した。

画家と名乗っての旅行だったが、素描画をたくさん描いただけで、それに色をつけたのはごくわずかであった。それも淡い水彩であった。生気に溢れた大自然にふれたことから、ゲーテの心の内に秘められていた自然科学への関心が急速に広がり、植物学、動物学から鉱物学などへと研究の手が伸びた。光の学問に対する関心も培われたことであろう。

ハイゼンベルクによるゲーテ像

ゲーテとニュートンによる二つの色彩論について論じた物理学者、W・ハイゼンベルクは、「ゲーテがイタリア旅行において、自然に対し強く心を奪われる外的な刺激を受けたことはよく知られている。その土地の地質学的構造、南の空の下に生い繁る植物の多様な姿、イタリアの風景の光に溢れた色彩、これらが旅行の間、彼の関心を何回となく把えたことが、彼の日記の生気ある描写を通じて、あらためて、生き生きと私たちに伝わってくる」と、その論考の中で述べている。光と色に溢れたイタリアでの経験から、その地ですでに色彩についての理論的な仕事を始めている。

ゲーテがイタリア旅行に出発した一七八六年の秋はまだ、浅間山やラーキ山の噴火による影響が残っていて、夏でもあまり気温が上がらないだけでなく、空全体が昼でもどんよりと濁っていた。このような空の様子は、イギリスの画家、コンスターブルやターナーによってみごとに描きだされているが、事実を描きだすことが風景画にも、当時は求められていたのである。それだけに光を追い求める傾向が画家たちの中にも現われたのである。

クラークの『風景画論』

この傾向について、ケネス・クラーク（K. Clark）は、『風景画論』の中で、「北方の光」（第六章）という章を設定し、ターナーの画風について詳しく論じている。しかし、ターナーの画風について、彼は幻想の風景画を描くことが有効強力な表現手段であったとしているが、すでに「十九世紀初頭のイギリス」の章でふれたように（「気候寒冷化の時代」の節）、事実を描きだす画風にターナーは従っていただけなのだといってよいように思われる。

このターナーは、ゲーテよりもだいぶ遅く、一八一九年の秋にはじめてイタリアを訪れている。それまでの二〇年にわたって彼はイタリアの風景を空想しながらカンバス上に表現してきた。彼自身それまでずっとイタリアの真実の姿を知らず、クラークのいい方に従えば、「何と今まで欺《だま》されつづけてきたことか！」といった驚きであった。イタリアから故国イギリスに戻って、「旅行の印象を再創造し始めると、イタリアの想い出は彼の心の中でブドウ酒の香気のごとく発散し、その風景は眼の前で光の海に泳ぐようであった。物の影は緋や黄となり、遠景は真珠母の色、樹々はラピスラズリの青、人物はといえば、熱気のこもった靄《もや》のあわいを透明な熱帯魚のようにさまよいわたるのであった」とは、クラークの表現である。

ここに記したのと似た経験をイタリア旅行でしたゲーテは、自然の光が織りなす明るく生き生きとした樹々、人びと、山々などの姿から、後に著すことになる色彩論につながる暗示をえたのであった。故国ワイマールの風光とイタリアのそれとが、光豊かな色彩の点で大きく異なっていたことは、後に彼が著した『イタリア紀行』のあちこちに描きだされていることからわかる。

小氷河期も終わりに近づくと、フランスやドイツなどヨーロッパ大陸の気候も温暖化がすすんだ。雲におおわれたどんよりと霞がかかったような空の日がだんだんと少なくなり、陽光に恵まれた明るい日が射す日々が増えていった。灰色に包まれた自然が消えていき、木々も生気をとり戻していった。さんさんと降り注ぐ日光の下では、人びとも戸外や野原へとでて行き、自然の恵みを享受するようになった。

印象主義の誕生

絵画の世界にも新しい風が吹き始めた。降り注ぐ光を瞬時に捉えてカンバスの上に描きだそうとする試みが起こった。人びとは刹那を惜しみ、戸外にでて日の光を楽しんだ。ロマン主義の風潮が生まれ、絵画の世界には印象主義が誕生したのであった。コンスターブルやターナーが印象派とよばれる画家たちの先駆者とされるのは、彼らが描く風景画がクラークのいう「事実の風景」を捉えることから、風景の背後にある光まで描きだしていたからである。火山の噴火によって成層圏にまで吹き上げられたガスやチリによって赤味を帯びた空を描いたターナーは、彼が実際に見た自然の姿を忠実に写し取っただけであったが、そのこと自体が印象主義への道を拓いたのであった、といえよう。

虹が解らなかったゲーテ

ゲーテは光と影が作りだす色彩の研究へとすすみ、『色彩論』と題した三部から成る大著を完成したが、物理学的に光を扱う方法については正しい理解にはついに達しなかったので、光学研究に資することはほとんどなかった。そうした無理解を棚に上げて、物理光学とよばれる学問分野を切り拓いたニュートンを〝えせ学者〟だとか〝野師《やし》〟だとかののしっているのにはおどろく。だが、光と影との対照について深く考察しているのは、当時の気候がすぐれないものであったことを考えれば、当然の帰結だったように思われる。それだけに、イタリアへ旅行したときに経験したまばゆいばかりの陽光に感激したのであろう。

色が生じるのが光と影との相互作用によると考えたゲーテには、影のないところに生じる虹の色はなんとも都合の悪いことであった。虹は太陽光が雨滴と出会って屈折することから生まれるために、この光のもついろいろな色が現われるので、当然色が着く。その機構をニュートンは正しく説明していたのだから、ゲーテには我慢ならなかった。ただしゲーテが考えた光に対する感覚は、後に生理光学とよばれる学問分野が誕生したときに、改めて見直されることになったのである。だが、物理光学の面では誤ったままであった。

気候の寒冷化は何がひき起こしたか

太陽活動と気候変動

長期的にみると気候は大きく変わっている

一七七五年ごろから一八二〇年ごろまでの四〇年あまりの期間は、気候が寒冷化しており厳しい寒さの冬と冷たい夏がくり返し襲来し、人びとの暮らしはその影響を受けて苦しく辛《つら》いものであった。農業の不振のために穀物その他の農産物の生産が上がらず、人びとの多くは飢餓状態に置かれた。

気候の寒冷化は右にみた期間だけに起こったわけではなく、歴史をさかのぼってみると十七世紀半ばから十八世紀初めの一〇年ほどにわたる約七〇年の期間や一五〇〇年前後一〇〇年ほどにわたる期間にも、気候が寒冷化していたことが現在では明らかになっている。

さらに時代をさかのぼると、気候は寒冷化するだけでなく温暖化した時期もあり、気候は一定しているわけではないのである。二十世紀に入ってからも、一九〇〇年から一五年ほどの間は相対的に寒冷化がみられた。現在は、気候の温暖化が著しく、これが人類の産業活動による炭酸ガスなどの温暖化物質の排出によるのだと指摘されている。

気候変動予測の難しさ

だが一九七〇年代に入ってからしばらくの間、わが国も含めて世界各国の研究者たちから、近い将来に氷河期が到来するとの警告が発せられたりしたことを、私たちは想起すべきである。このときこうした警告を発した人たちのうち何人かは現在、気候の温暖化がすすんでいると指摘している。こんなことが実際にあったのを見てきた私には、現在すすんでいる気候の温暖化の原因には温暖化物質の人類による排出以外に別の原因が隠されているように感じられるのである。

このようなことを考慮しながら、本書で取り上げてきた期間について、気候の寒冷化の原因としてどんなことが考えられるかを、これから検討していく。その際、最近ようやく注目されるようになった太陽活動の長期変動が気候の変動に及ぼす影響の可能性についても考察を加えるつもりである。

気候寒冷化の原因を探る手立て

温度計による記録は客観的

この本で扱ってきた期間の気候がどうであったかを知る手立てとしては、当時すでに温度計が実用になっていたから、各国に残された気温の連続観測記録の分析がある。この分析の結果は、イギリスやフランスでは、寒さの厳しい冬と冷夏の年が多かったことを示している。

このような異常気象の年には、農産物の収穫に恵まれず、人びとの暮らしは飢餓に脅かされることになった。したがって、たとえば小麦の生産量やブドウの収穫量について、毎年調査した結果からも気候変動がどのようなものであったかがわかることになる。小麦やブドウの生産量の推移についてはすでに述べてあるのでここではくり返さないが、気候の寒冷化が農業の不振を導くことは予想できることであろう。

同位体を用いる分析法

化学的な方法による気候の長期変動に関する研究には、酸素と水素の重い同位体の氷中での存在量の時代的な推移が重要な情報を与えてくれる。たとえばグリーンランドに堆積した氷をボーリングして取り出し、氷の堆積年代を推定して酸素や水素の重い同位体の蓄積量を調査することにより、堆積した年代における気候が推測できることになる。これらの重い同位体を含む水の海面からの蒸発の度合いは、温暖化した気候の下で高くなるので、気候の長期変動のパターンがわかることになる。温暖化した気候の下では、これら重い同位体から成る水も効率よく蒸発するのである。逆に気候が寒冷化すると、重い同位体を含む水の蒸発の度合が下がるのである。

本書で対象とした一七七五年ごろから一八二〇年ごろまでの期間は、寒冷化の厳しさについてみると、一六五〇年から以後の七〇年にわたる時代にくらべれば、いくぶん穏かなので、酸素と水素の重い同位体の氷中への蓄積率は少しだが小さくなっている。

年輪と放射性炭素を用いる方法

現在では、長期にわたる気候変動を探る手段にはさらに生育年代の明らかな喬木《きょうぼく》の年輪の成長率や年輪中に残された放射性炭素（^{14}C）の存在量を調べるものがある。年輪の成長率は、目で直接見て計測でき

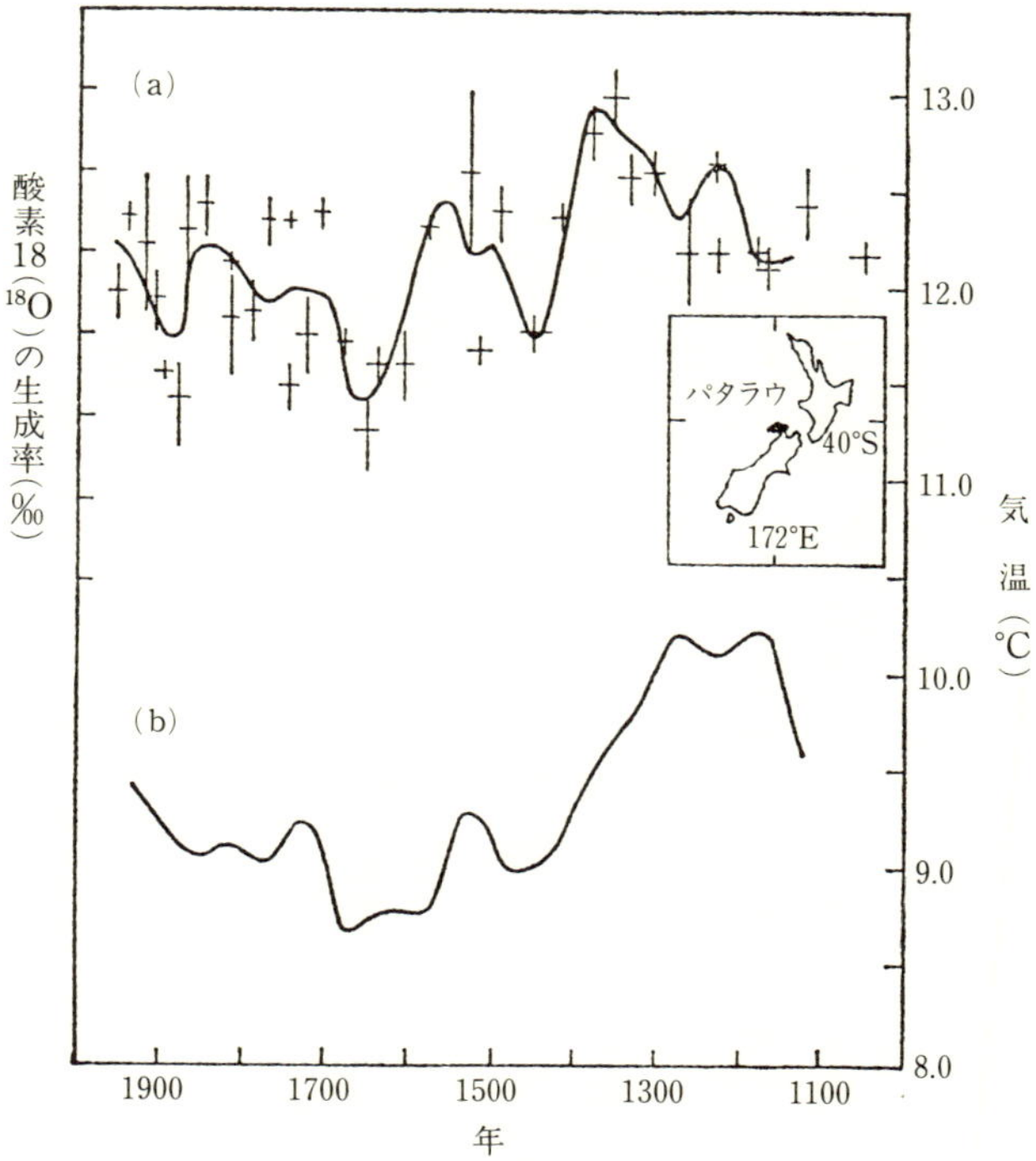

図21　酸素同位体の沈積率変化

ニュージーランドの鍾乳石中に沈積した酸素の重い同位体（^{18}O）の存在量（A. T. Wilson, Nature **201**, 147　1964 による）

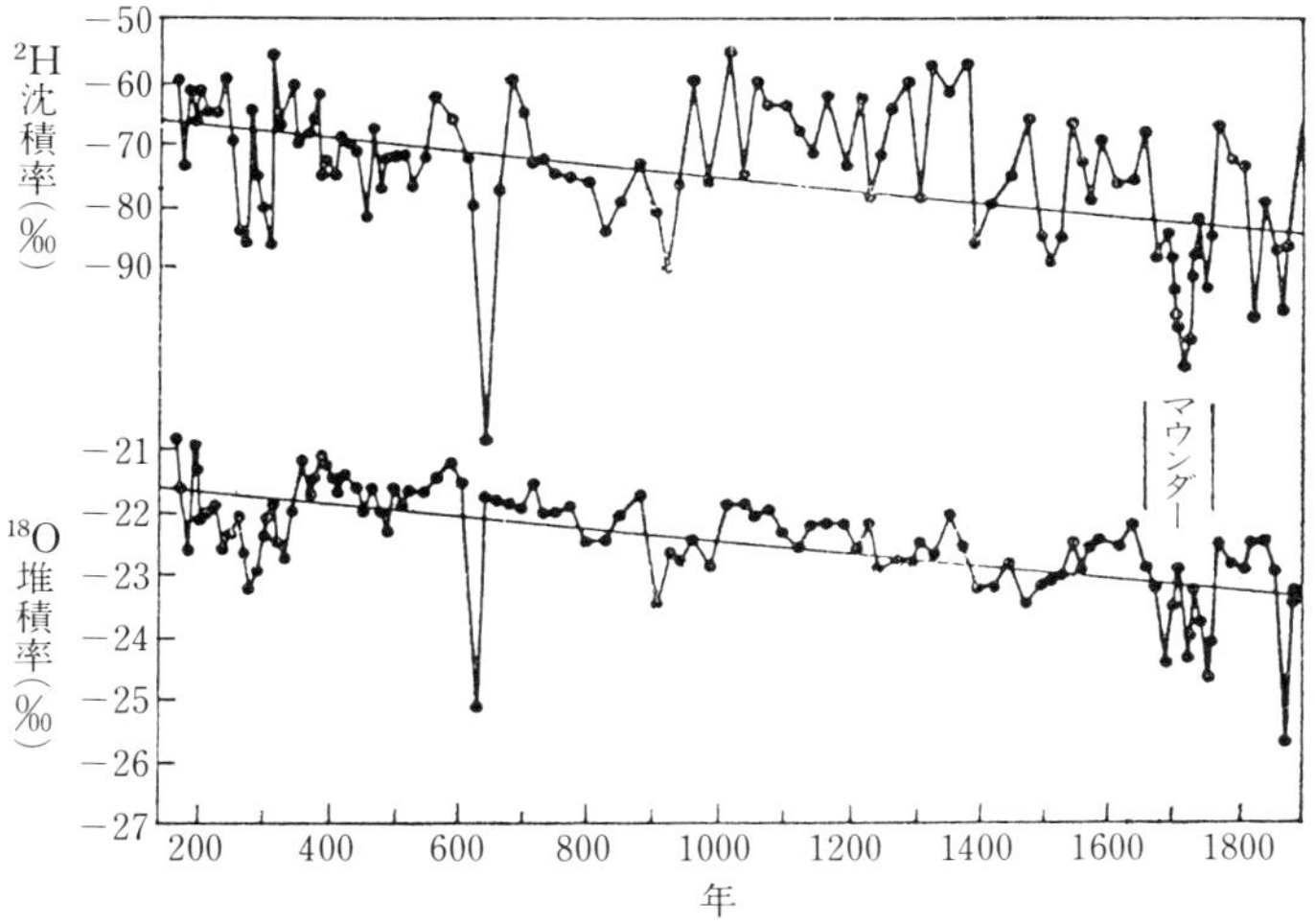

図22　重水素の堆積率変化

氷中に閉じこめられた重水素（D または^{2}H）の存在量の経年変化（L. Libby and I. J. Pandorf, J. Geophys. Res. **81**, 6　1976 による）

るから生育年代がわかっていれば、気候の推移についての直接的なデータが得られることになる。

縄文時代の気候と海進

こうした多様な手段により、過去の気候変動の様相が明らかにされてきた。そうして現在では今から過去一万年ほどさかのぼった期間の気候変動がどのようなものであったか、かなり詳しくわかっている。その結果によるとわが国では、縄文時代の気候は、現在よりも摂氏で一・五度ほど平均して高く温暖化の著しい時代であった。今から五〇〇〇年ほど前から、平均して気温が下がりっ放しで現在にいたっている。縄文時代は海水面が上昇しており、関東平野でもかなり奥まで海進が起こっている。このときほど顕著ではないが、中世の温暖期にも海進が日本各地でみられた。源氏が鎌倉に幕府を開いたころにはこの海進が起こっており、現在の鎌倉市でみると、東日本鉄道（ＪＲ）の鎌倉駅を海側へ出て歩くとすぐに大きな鳥居があるのに気がつくが、その辺りが鎌倉の海岸線であったという。

太陽活動の変動

黒点群で測る太陽活動

太陽活動の活発さは、光球面に現われる黒点群の数や面積により測られてきた。それによると、黒点群の数はいつも同じというわけではなく、だいたいにおいて一一年の周期で増減をくり返していることがわかっている。太陽の光球面に黒点群が多数現われているときは、ごく僅かだが太陽の明るさも大きくなっている。この明るさが変わっていくことは、アメリカの科学衛星、ソーラー・マックスが太陽が毎秒放射する電磁エネルギーの時間変動の測定に成功して明らかとなった。

さきに黒点群の数の増減が一一年ほどの周期性をもって起こっていると述べたが、一六五〇年ごろから一七一五年ごろまでの約七〇年にわたる時期についてはこうした周期性が

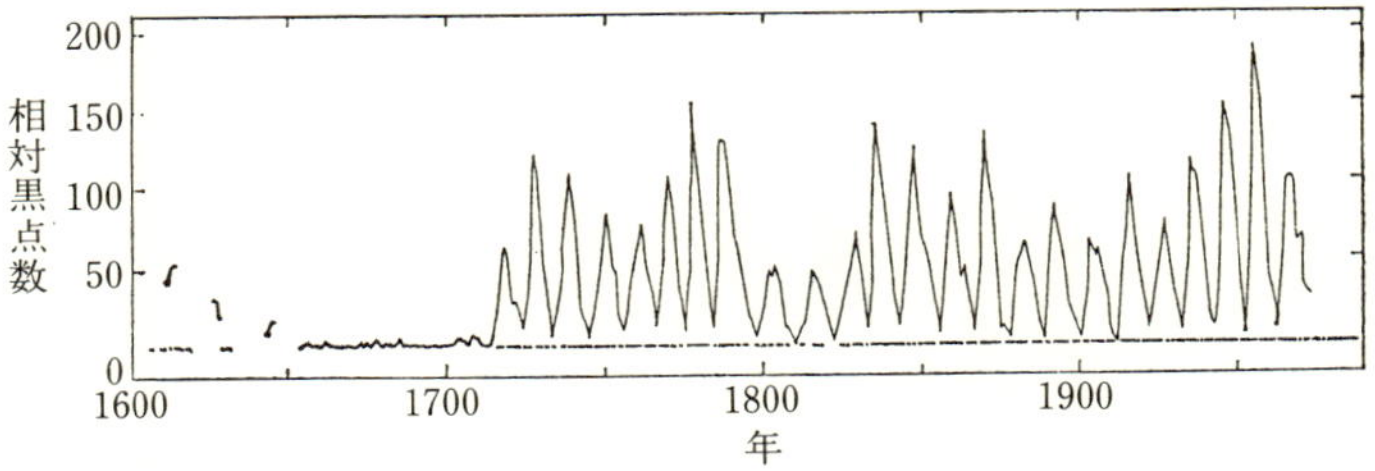

図23　黒点の相対数からみた太陽活動の長期変動

18世紀に入って後は，約11年の周期で増減をくり返しているのがわかる．17世紀半ばから18世紀初めにわたる期間が無黒点の時代でマウンダー極小期にあたる．

失われてしまい、太陽の光球面上に黒点がほとんど現われなかった。この長期にわたる黒点発生のない時期の存在については、黒点群の出現・成長・衰退について観測にもとづいて研究していた人たちによって早くから注意されていた。しかしながら黒点群の増減と太陽全体の明るさの変動、また、このような現象が地球環境に及ぼす影響については不明な点が多く、真正面から研究に取り上げられることがなかった。

長期にわたる気候が寒冷化した時代であった十七世紀半ばごろから十八世紀初めにかけて、太陽活動がすっかり弱くなり、活発でなかったという事実が明らかにされてから、太陽と地球との間の関連が、太陽面の現象や放射エネルギーの時間変動と気候変動についてあるのではないかと考えられるようになった。

太陽エネルギーと地球

地球環境は、太陽からの放射エネルギーの一部により現在みられるようなものに維持されているのだから、このエネルギーの量が変化すれば気候には大きな影響が生じるものと予想される。実際に今までにもしばしば述べたことのあるマウンダー極小期（一六五〇年ごろから一七一五年ごろまで）という呼び名は太陽活動が極端に弱かった時期に対するものであった。この時期が小氷河期のうちで気候が最も寒冷化していたことから、太陽活動の長期変動が、気候の変動に対し影響するのではないかという示唆がなされたのであった。

太陽の放射エネルギーの時間変動は、いくつかの科学観測衛星による観測結果によるとせいぜい〇・三%と変動の幅がきわめて小さく、こんな僅かな変動が気候の寒冷化や温暖化をひき起こす可能性はほとんどないものと思われる。しかしながら、こうした僅かな変動でもそれが引き金的な役割を果たし、気候変動までひき起こす可能性も指摘されている。太陽から放射されるX線や紫外線の放射エネルギーはほぼ一一年の間に二から三倍と大きく変化するので、その加熱効果による成層圏から上空の領域の変動はきわめて強力であることが、現在ではわかっている。

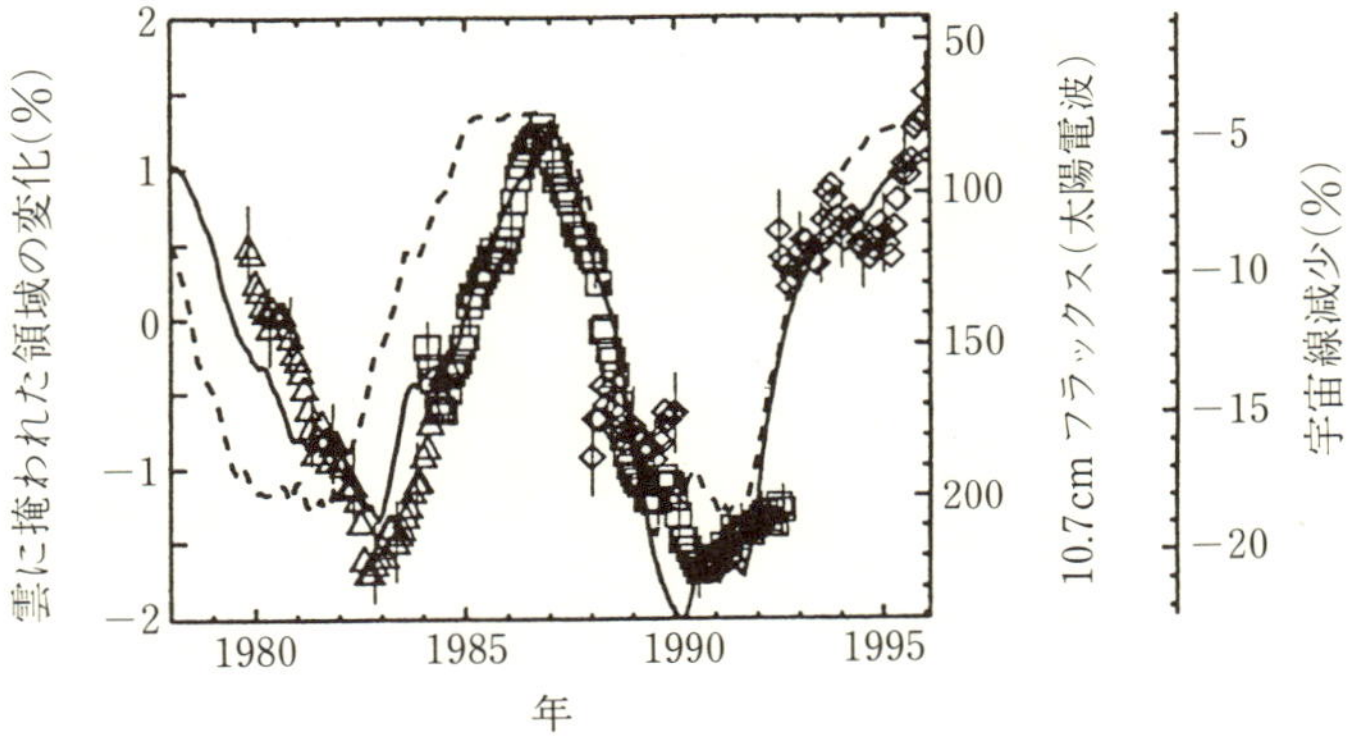

図24　太陽活動と宇宙線

太陽活動の指数（波長10.7cm の太陽電波フラックスを用いた；点線）と雲におおわれた地表の割合との関係．宇宙線の大気中への侵入が雲の形成に関わるので，宇宙線強度の減少度(実線)も示す(Svensmark, Friis-Christensen　1997による)

太陽活動と宇宙線強度は逆相関の関係

太陽活動の約一一年の周期的な変動のなかで、この活動の活発さが頂点に達する極大期には、地球大気中へ侵入してくる宇宙線とよばれる高エネルギー粒子の単位時間当たりの数が最も少なくなることがわかっている。逆に、この活発さが最も弱い極小期には極大期にくらべて宇宙線の侵入数が二〇％も大きくなる。この宇宙線の侵入量と放射性炭素（^{14}C）の大気中での生成数との間には正の相関関係があるので、この炭素の木の年輪にとりこまれた数を調べることにより過去の太陽活動の活発さを見積もることができる。これについてはすでに述べたのでここではくり返さないが、生育年代が明らかな木の年輪中に蓄積されたこの炭素量を求めることにより過去の太陽活動ばかりでなく、地球の気候変動まで推測することができるのである。

さきにふれたように、太陽が放射する放射エネルギー量の時間的な変動の幅はきわめて小さく、この変動が直接に気候変動を生じると想定することは難しい。ところで、最近得られた研究結果の中に次のようなものがある。太陽活動の活発さの変動によって宇宙線粒子の地球大気中への単位時間当たりの侵入数が大きく変わると前に述べたが、この侵入数の変動と地球の大気上層に広がる雲の生成の割合との間に密接な関係のあることが、最近になって明らかにされた。この侵入数が増加すると雲量がふえるのである。したがって日光の流入をさえぎるので、気温は上がらず気候の寒冷化を招くことになる。

大気中に侵入した宇宙線粒子は、大気中の窒素や酸素を破壊したりイオン化したりするので、それらが凝結核となり雨滴を形成する。つまり雲がつくられやすくなるというわけである。

雲は語る

十八世紀終わりごろから一八二〇年ごろまで、画家として風景画を中心とした作品をたくさん遺したコンスターブルやターナーの風景画をみると、

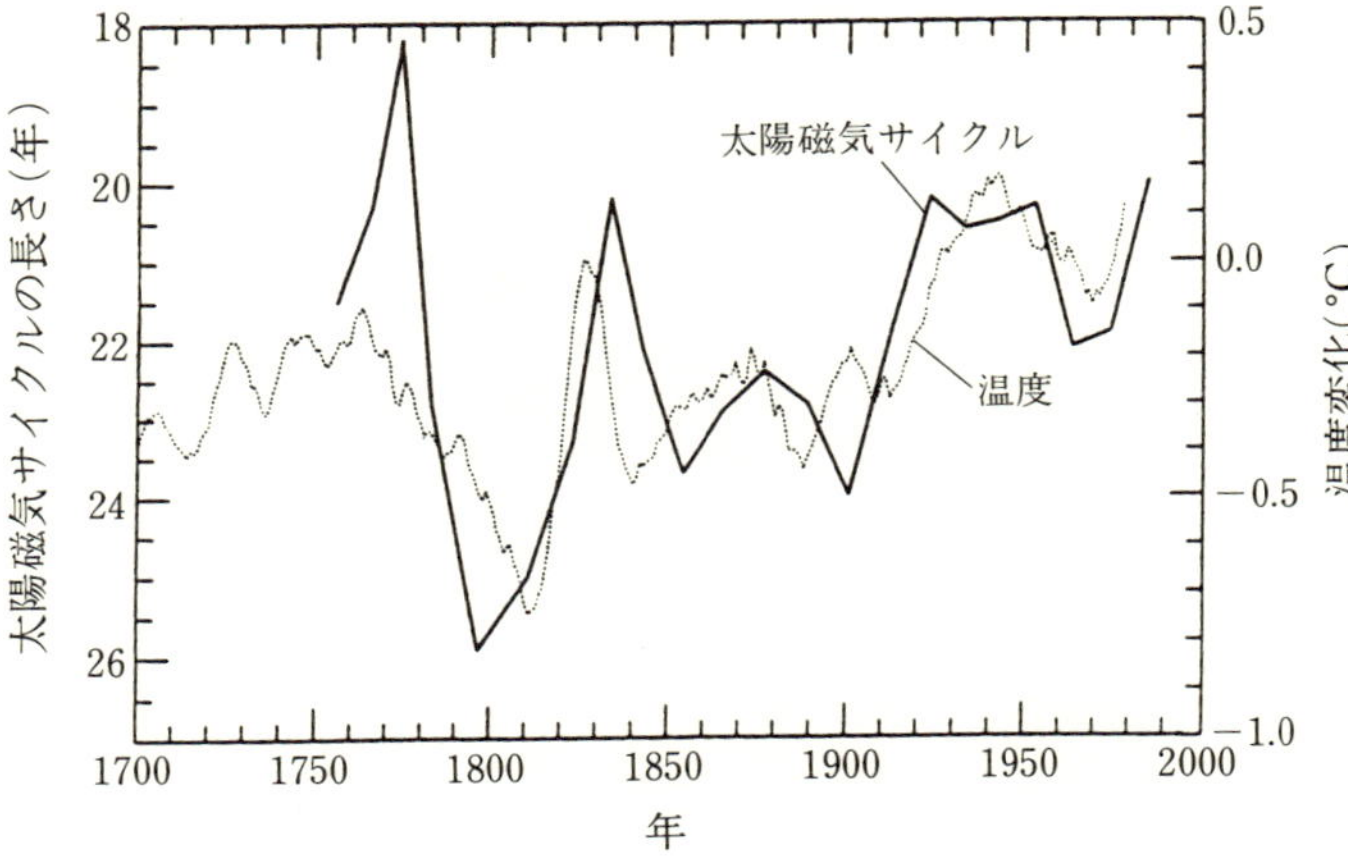

図25　太陽磁気サイクルと温度変化

太陽磁気サイクルの長さの変動と気温の長期変動との関係（S. Baliunas and W. Soon Ap. J. **450**, 896　1995による）

雲がたくさん描かれている。マウンダー極小期に生きた画家たちの作品を見ても、雲が空をおおい尽すように描かれているのがわかる。これらの絵画からそれらが描かれた時代の気候を探る試みさえ現在ではなされているのである。

気候の温暖化と太陽活動周期との対応関係

太陽活動の長期変動と気候のそれとの間に介在するのが宇宙線粒子の大気中への侵入量の長期変動で、それが大気中における雲の生成効率と因果的にかかわっているとさきに述べた。引き金の役割を果たしているのが、宇宙線だというのである。ここで、太陽活動の長期変動と大気の温度のそれとの対応関係が、二十世紀を通じてどのように変わってきたかについて、一言ふれておきたい。太陽活動の活発さがほぼ一一年の周期性をもって変化していることはすでにふれたが、実際には一一年よりかなり短くなったり、逆に一一年よりずっと長くなったりする。この時間の変動と気温変動との間にはきわめてよい相関関係があることがわかっている。この周期時間が短いときには気温が高くなる傾向があり、逆に長くなると気温が下がる傾向を示す。このことは、太陽活動がその明るさの変動を通じて気温変動を制御していることを強く示唆する。

十九世紀初めの太陽活動

一七七五年ごろから始まった気候の寒冷化を強化するように作用したのは、一七八三年の浅間山とラーキ山の噴火であろうが、十九世紀初めの二〇年間にみられた気候の寒冷化には太陽活動が極端に弱くなったことが、強くかかわっているのかもしれない。一八一五年のタンボラ山の大噴火の影響も、もちろん私たちは忘れることができないが、太陽活動の極端な低下との相乗効果ということも十分に考えられることである。

火山活動と大気の状態

浅間山・ラーキ山・タンボラ山

この本で取り上げた期間には、わが国の浅間山、アイスランドのラーキ山、インドネシアのスンバワ島にあるタンボラ山と三つの火山による大噴火があった。浅間山とラーキ山の噴火によって吹き上げられたガスやチリは成層圏上空にまで達し、噴火後、数年にわたって大気上層部に停留して日光をさえぎり気候の寒冷化をもたらした。タンボラ山の噴火の後には、北アメリカも大きな影響を受け、夏の来ない一年となった。

今述べたように、火山の噴火が気候の変動をひき起こしている証拠があることからみて、気候の変動を通じて人類史の上にも大きな影響を及ぼすということは十分に考えられる。

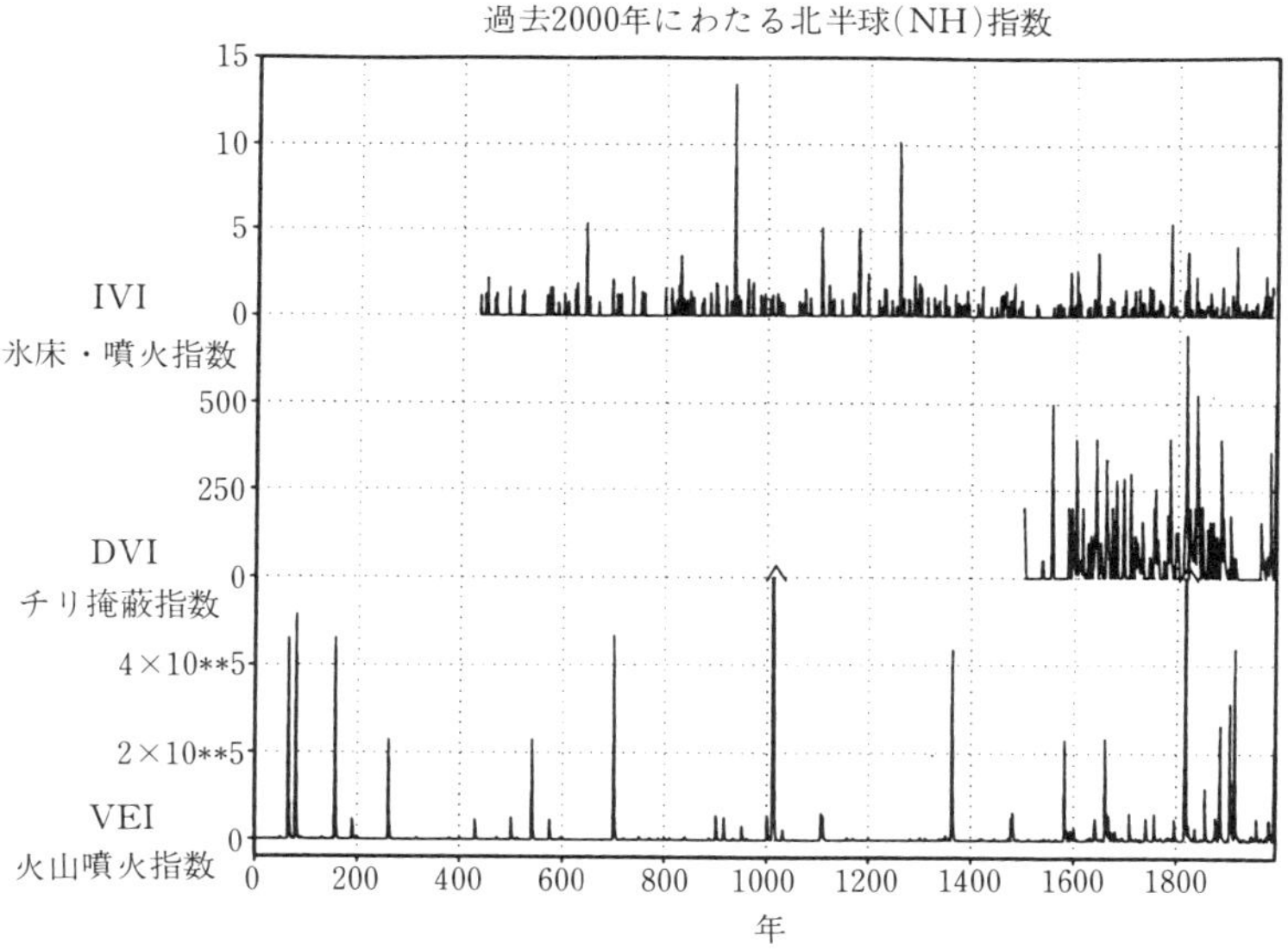

図26　噴火と氷床

IVI；北半球で過去2000年にわたってえられた火山噴火による氷床成長の度合，DVI；噴火によるチリが地表をおおった割合，VEI；火山噴火の頻度（A. Robock ほか　1998による）

ギルバート・ホワイトは、浅間山やラーキ山の噴火については、当時の通信手段の水準からみて全然知らなかったと考えられるが、彼の鋭い観察眼は空の色が妖しい赤に色づいていることを見逃さなかった。浅間山の噴火のあとわが国では、空が暗くなり人びとは昼でも行灯《あんどん》をともさなければならなかったし、外出の際には提灯《ちょうちん》に火をつけなければならなかったという。

日光をさえぎる

地球上の陸地は、現在、北半球に偏って分布しているし、火山の分布やその活動も当然のことながら北半球の方が優勢である。北半球における火山噴火にかかわる活動度（Volcanic Explosivility Index：略してVEI）と、それに関係して考えられるチリによる掩蔽《えんぺい》度（Dust Veil Index：略してDVI）との関連をみると、前者が大きくなっているときに、後者が大きくなる傾向を示すことがわかる。こうなるのは当然予想されることだが、後者については十四世紀より前の時代についてのデータがえられていないので、相関関係について定量的に考察することはできない。火山活動が気候に影響するとすると、氷床の発達との関連についてもなんらかの情報が得られる可能性がある。このような観点から氷床と火山活動との関連を示す指数、氷床・噴火活動指数（Ice-core Volcanic Index：略してIVI）についても、観測データにもとづいて調べられている。これら三者の間には傾向として互いに因果的な関連が認められる。氷床の発達は、気候の寒冷化を示すから火山活動が気候の変動にも影響を及ぼしていると考えるのは妥当だといってよいであろう。

太陽活動の変動は火山活動に影響するか

気候の長期変動をひき起こす原因と考えられるものとして、ここでは太陽活動の長期変動と火山活動の経年変化との二つを取り上げてみた。両者の間には因果的な関係などありえないとするのが当然の立場だと考えられるが、本書で取り上げた四〇年ほどの期間も、マウンダー極小期も、火山活動が相対的にみて活発であった。気候が寒冷化すると大気の大循環のパターンが変わって大気の圧力分布にも変化が生じ、火山活動の度合いを変えるような作用が生まれるのかもしれない。太陽活動の長期変動の原因と地球への影響の可能性について研究してきた者の一人として、気候の長期変動が太陽によってひき起こされているのだとする視点に立ちがちだが、現在起こっている気候の温暖化傾向の原因を探る場合にも、太陽活動と明るさの長期変動にみられる現在の動きを考慮しないわけにはいかない。人類の産業活動による炭酸ガスなどの温暖化物質の大気中への排出量の増加は、気候の温暖化に加担することは明らかなので、排出量の削減に対する国際協力体制の確立は急務であろう。

気候は寒冷化や温暖化をくり返す

だが、注意したいのは、気候の長期に及ぶ寒冷化や温暖化は、人類が文明を興してから以後の八〇〇〇年ほどの間に、何回もくり返して起こっているという事実である。本書で取り上げた一七七五年ごろから一八二〇年ごろにいたる四〇年あまりの時代は、気候が寒冷化していて夏の来ない年が何回もくり返しあった。また、一三〇〇年ごろから始まった小氷河期（Little Ice Age）は一八五〇年ごろまでつづき終息した。気候が寒冷化していた時代に生を享けて生きた人たちにとっては、そのような気候があたり前の〝事実〟であったのだが、温暖な気候について、その存在を想像したりしても実感できなかったにちがいない。

後の時代から見れば、ジェイン・オースティンがリンゴの花が七月に咲いたと書いたら、そんなはずはない、彼女がそうと見たのは病気に冒されていたからだ、という判断をしてしまう。私たちにとって大切なことは、現在の環境条件にもとづいて過去のある時代の環境条件も同じだったとして、その時代を見てはいけない、ということなのである。

ホワイトとオースティンは何を語ったか――エピローグ

記録された気候

一八〇〇年前後の四〇年ほどの期間は、気候が寒冷化しており、寒さの厳しい冬と冷たい夏が何年にもわたってくり返された。一七七〇年代の半ばにはアメリカの独立革命が、また一七八九年から後には数年にわたって、フランスでは革命の動乱が起こった。

この四〇年ほどの期間に人生を送った人びとは、寒冷化した気候の影響を直接受けた。その影響について明確に意識していたわけではないが、ギルバート・ホワイトは『セルボーンの博物誌』の中で、寒冷化した気候について、自分の経験を客観的に語っている。その結果、この書物で語られている気候の実態が歴史資料として十分に役立つことになった。

気候に関してもし彼が、意図的にこの書物を作っていたら、私たちには当時の歴史の状況を語るものとして利用できなかったにちがいない。

ホワイトが、十八世紀後半の気候についてどのように見ていたかを、この書物から読み取ることにより、当時のイギリスの気候を私たちは推し量ることができる。このことについては、最初の「自然と人間」の章で述べたとおりである。

時代がホワイトとわずかに重なった人生を送った作家のジェイン・オースティンは、この世に生を受けたときから亡くなるまで寒冷化した気候の中で過ごした。彼女の病気が、気候の寒冷化と関係があったかどうかわからないが、寒い気候が健康によいはずはないので、彼女の日常生活にはなんらかの影響が及んでいたかもしれない。

リンゴの花が七月に咲くなどということは、イギリスであっても想像することが不可能だったために、彼女がその作品『エマ』に描きだしたリンゴの開花期について、遺族も、病気のためにジェインの正しい判断力が失われていたのだとしている。この作品が出版されたのは彼女の死の一年と少し前のことだったので、遺族もこのように考えたのであろう。

だが、彼女が『エマ』を書いていたころは、冷たい夏というよりは夏のない年がくり返しあったので、彼女は実際に見たそのままの自然を描写したのである。文学作品の記述からその作品が扱った時期の自然について推測するのは当を得ていないかもしれないが、作品の背景となる自然は、作者の生きた時代のそれからたぶん離れられないのだという大切な事実を、私たちは忘れてはならないはずである。

『戦争と平和』——一八一二年

『戦争と平和』の中でトルストイが語る気候も、一八一二年の後半がどうであったかをよく描写している。最近ナポレオンの伝記を書いたアスプレーが記載する日付けやそのときの気象条件と、トルストイがこの作品で語る日付けと気象状態がほとんど一致しているという事実は、トルストイが歴史的な進展を十分に注意して描いていることを示している。すばらしいことだとしかいいようがない。文学作品に、歴史的な厳密性を要請する必要は、たぶんまったくないといってよいだろうが、歴史に取材したものならば日付けをいい加減にしておいてよいわけがない。この点では、トルストイとジェイン・オースティンとの間には作家の態度として、ある種のつながりがあるように、私にはみえる。

歴史は科学か

最近、歴史という学問の性格をめぐって、いろいろな方面から論じられているが、歴史を歴史物語というふうに捉えたり、歴史を文学だと主張する人たちもいる。こうなると歴史を科学だとする立場に立つ人びとから反論がただちに出るものと予想されるが、自然科学とちがって研究者個人の評価が〃事実〃に対しても入り、それが人によって異なるとなれば、歴史が科学とよばれる学問だとすることには留保せざるをえない。

トルストイが『戦争と平和』の中のエピローグで、歴史をどう見るかについて彼自身の見方を語っているのも、ナポレオンのロシア遠征がどのような状況の下に悲惨な結果に終わることになったかについて、祖国ロシアとフランスでは異なった評価がなされていることを彼が知っていたからであろう。ロシア軍を率いたクトゥーゾフに対する皇帝アレクサンドル一世の厳しい評価を、トルストイには受け入れられなかったのであろう。

歴史評価の難しさ

すでに語ったことだが、ターナーが描いた風景画を見て、彼が自然の情景を正視していず、それが彼の歪んだ精神状態からきたのだとする見解に対し、気候学の研究で多くの業績をあげたラム（H. H. Lamb）は、火山噴火による大気の状態の変化を正しく捉えていたからこそ、〃赤味〃を帯びた空が描けたのだと弁護している。自分が持つ常識で、身のまわりに起こっていることや歴史上の事実を評価してはならないのである。

ジェイン・オースティンが晩年に見た〃季節外れ〃のリンゴの開花も、彼女が身のまわりで起こっている自然の変化を正しく見つめていたからこそ、作品の中に反映できたのであろう。

　この本の中で述べられたフランス革命前後の人びとの暮らしと歴史の進展とのかかわりについては、歴史の発展に法則性をみる研究者から激しく批判されることであろう。だが、本書で述べたことは、実際にどのようなことが起こったのかを、著者の評価をいっさい加えずに記述したにすぎないことを、ここで注意しておく。歴史上、気候が寒冷化した時代は、本書で取り上げた時代のほかにも何回もある。こんな時代が、その時代に生きた人びとの暮らしに影響しただけでなく歴史の進展そのものにも影響したという〝歴史的な事実〟を、私たちは忘れてはならない。

あとがき

一九七五年十一月半ばに、NASAゴダード宇宙飛行センターにおいて開催された「太陽研究の将来」をテーマとしたワークショップにおける招待講演で、ジャック・エディ(John A. Eddy)は、マウンダー極小期と現在呼び慣わされている、長期にわたる太陽活動の極端な衰退期の存在について、初めて説き及んだ。ほとんどすべての出席者にとって、このような時代が存在したとの指摘はまったく予想外のことであった。エディが淡々と語るこの極小期について、身震いするほどのおどろきと感激とが入り交じった、ある種の感動を私は味わった。

このワークショップ終了後、当時NASAで仕事をしていた私はエディに宛てて手紙を認め、この講演で語られたマウンダー極小期に関する論文などがもしあったら別刷を分けてもらえないかと厚かましい依頼をした。一週間もしないうちに返事とともに「マウンダー極小期」（*The Maunder Minimum*）と題した論文のプレプリントが送られてきた。本書の参考文献に示したように、この論文は、アメリカ科学振興協会（AAASと略記）の機関誌である週刊科学誌 *Science* に、のちに発表されている。

太陽活動の長期変動が及ぼす地球環境への影響について、私が勉強を始めたのは、このエディの論文を読むことからであった。本書を執筆しながら、このきわめて重要なエディの先駆的な研究と、それ以降の多くの彼の研究業績を思い出した。今から三〇年前にもなろうとするエディとのこんな出会いがなかったら、本書で述べたようなことがらについて私が研究を始めるようなことは多分起こらなかった。人と人の出会いのふしぎを感じる。

太陽内部の微細構造、太陽の熱源である核エネルギー解放機構とそれに関わるニュートリノ生成率の時間変動、過去一〇〇年あまりにわたる太陽活動の増大傾向の今後の見通しなど、太陽物理学研究の最前線にも、ここ二〇年ほどのあいだに大きな進展があった。研究者の間で「太陽ニュートリノ問題」と呼ばれてきた宇宙物理学上の大問題は、アメリカのレイ・デーヴィス（R. Davis, Jr.）らのグループ、わが国の小柴昌俊が率いた東大グループ、それにカナダのサドヴェリーに集ったSNOグループにより、ほぼ解決をみたものと現在考えられている。だが、電子ニュートリノ生成率の時間変動に関する問題はまだ解決されていない。

本書でとりあげた題材は、太陽活動が極端に衰退した時代が、人類史にどのような影響を及ぼしたのかについて研究しているあいだに気づいたものから取られている。マウンダー極小期と文明史との関連については、参考文献にあげたように、私自身の著書がある。本書はそれに続くもので、一世紀ほど後の時代を対象としている。

なお、地球気候と太陽の明るさの両長期変動が、最近の過去一〇〇〇年ほどのあいだでどのように関連しているのかについては、本書と前後して拙著『地球温暖化の原因は何か――太陽コロナに包まれた地球』（お茶の水書房、二〇〇三年）が出版されている。

〈一八〇〇年前後のヨーロッパ〉の章で、印象派の開拓者ともいうべきターナーとコンスターブルの絵画から何が読みとれるかについてふれた。このことと関連することだが、*Science* の二〇〇三年三月二十八日号に、火山噴火によってできた大気中のエーロゾルによる日光の散乱が、木々の炭素同化作用に促進効果を生じさせることを実証する論文が掲載された。この論文の紹介記事には、モネの「ヴェトイユの眺め」がカラーで印刷されていた。光と影が、大気中のエーロゾルにどのように影響されるのかを、この絵画が見せてくれているというのであろう。

大気中に散らばったチリが作るエーロゾルによる日光の散乱が、植物における炭素同化作用を促進するというのだから、本書で述べた浅間山やラーキ山の噴火が、その後の数年にわたり、この促進に有効な役割を果たしていた可能性がある。この可能性の検証は重要な研究課題の一つだと私には考えられるので、どのように研究すべきか目下検討しているところである。

NASAで働いておらず、ジャック・エディの講演を聴くことがなかったら、この本でとりあげたいろいろなことがらについての研究に踏みこむ機会は、私にはなかっただろう。冒頭にふれたようにマウンダー極小期にかかわったことのほかにも、いくつか忘れられない想い出が彼についてはある。数年前、日本で開かれたフォーラムに出席のため、彼は日本を訪れた。一九八二年にギリシャで開かれた国際会議で会って以来の再会であった。太陽の変動性に関する研究の世界的リーダーとして、彼は活発に研究していた。

この方面の研究におけるここ数年の動向にふれると、一つは太陽活動の長期変動に起因する宇宙線強度の長期変調効果（Modulation effect）が、気候の長期変動を誘発する可能性が示されたことである。もう一つは、太陽の明るさの変動が、気候変動に対する強制効果（Forcing effect）をもつ可能性である。気候の長期変動が、太陽の非周期的な長期変動と、どのように関わっているのかについては、近い将来に革命的な進展があるものと予想されるのである。

高エネルギー宇宙物理学者からみた「夏が来なかった時代」は、この本で語られたようなものである。本書を執筆する機会を与えていただいたことに対し、吉川弘文館編集部の方々に厚く感謝する次第である。

二〇〇三年五月

桜井邦朋

参考文献

〈自然と人間〉

G・ホワイトの『セルボーンの博物誌』の原題は、

○G. White, *The Natural History of Selborne*, Oxford University Press, 1789.

である。この本は、わが国でもよく読まれたらしく、いくつかの翻訳がある。私の手許にあるのは、山内義雄訳、学術文庫版、講談社（一九九二年）と寿岳文章訳、岩波文庫版（上・下）、岩波書店（一九四九年）、それに、西谷退三訳、八坂書房（一九九二年）の三つである。この本に関する記述にあたっては、原著と学術文庫版とを利用した。

小氷河期（Little Ice Age）については、いくつかの本が出版されているが、最も基本的と思われるのはJ・M・グローヴの大著である。

○J. M. Grove, *The Little Ice Age*, Methuen, 1988.

私の著した『太陽黒点が語る文明史』（中公新書、中央公論社、一九八六年）は、この小氷河期の中で気候が最も寒冷化した時代を扱っている。

C・E・P・ブルークスは彼の著書 *Climate through the Ages* (Dover, 1970) の中で、小氷河期の期間を一六〇〇年から一八五〇年としている。本書ではグローヴやラム（H. H. Lamb）にしたがって、一三〇〇年ごろから一八五〇年ごろまでを小氷河期とした。

マウンダー極小期については、次の論文をみられたい。

○J. A. Eddy, "The Maunder Minimum," *Science*, **192**, 1189, 1976.

気候の長期変動が生態系にも大きな影響を与え、植生に変化をもたらし、いろいろな鳥の渡りや営巣のパターンまで変えてしまうことが、最近の研究からも明らかにされている。

○G. R. Walther et al., "Ecological responses to recent climate change", *Nature*, **416**, 389, 2002.

植生の変化と関連して、春咲きの植物の開花期が三月から四月にかけての気温など気象要素に強く依存することがわかっている。

○山本大二郎「庭の植物の開花期」『しぜん』第一〇号、七ページ、東京教学社、一九八九年。

山本教授が得た結果は、私の書いた次の本にも引用されている（図3・11、九五ページ）。

○桜井邦朋『地球環境をつくる太陽』地人書館、一九九〇年。

気候の長期変動と歴史とのかかわりについて、本書の執筆にあたって、しばしば参照したのはラム教授の次の本である。

○H. H. Lamb, *Climate, History and the Modern World*, Methuen, 1982.

〈火山噴火と冷夏〉

最初にあげるべき本は、次のものである。

○荒川秀俊『飢饉』教育社歴史新書、日本史94、教育社、一九七九年。

この本には天明三年八月に起こった浅間山の大噴火とその影響が、詳しく説明されている。

田沼意次による北蝦夷探検については、
○照井壮助『北蝦夷探検始末記』八重岳書房、一九七四年。
に詳述されている。意次の人となりや事蹟については、次の二書に詳しい。
○後藤一朗『田沼意次、その虚実』清水新書、清水書院、一九八四年。
○大石慎三郎『田沼意次の時代』岩波書店、一九九一年。
北海道とその周辺へのロシアの進出と日本の対応については、
○平岡雅英『日露交渉史話——維新前後の日本とロシア』原書房、一九八二年（この本は一九四四年に筑摩書房から刊行されたものの覆刻版である）。
○真鍋重忠『日露開国史』吉川弘文館、一九七八年。
本文中に引用した小林一茶の体験については、
○小林一茶「寛政三年紀行」、『一茶全集』第五巻、信濃毎日新聞社、一九七八年。
タンボラ山の噴火についてのラッフルズの報告書は、バタビアの自然史協会に一八一五年九月に提出されているというが、私は見ていない。C・ライエルの引用（本文中に記した）から、内容については推測することができる。出典は、
○C. Lyell, *Principles of Geology I*, John Murray, 1830.
この本への引用から、ラッフルズの記載がきわめて正確であったことがわかる。この人の伝記については、次の二書をみられたい。
○信夫清三郎『ラッフルズ伝』東洋文庫123、平凡社、一九六八年。

○M・コリス、根岸富二郎訳『ラッフルズ』アジア経済研究所、一九六九年。

さきに、日本とロシアとの交渉史について二つあげたが、近代におけるわが国の外交については次の大著が参考となる。

○田保橋潔『増訂近代日本外国関係史』原書房、一九七六年。

フブォストフ事件から、ゴローヴニンの監禁にかかわって高田屋嘉兵衛の名前がでてくる。この人の伝記としては、

○童門冬二『高田屋嘉兵衛』成美文庫、成美堂出版、一九九五年。

伝記ではないが、読む者を惹きつけてやまないものに、次の作品がある。

○司馬遼太郎『菜の花の沖』文春文庫1〜6、文芸春秋社、一九八七年。

ゴローヴニンが見た日本の風土は、高田屋嘉兵衛に対するリコルドの手記とともに次の本に描かれている。

○ゴロヴニン、井上満訳『日本幽囚記』岩波文庫上・中・下、岩波書店、一九四三・四六年。

間宮林蔵については、

○洞　富雄『間宮林蔵』歴史人物叢書、吉川弘文館、一九六〇年。

○吉村　昭『間宮林蔵』講談社、一九八二年（これは小説である）。

大黒屋光太夫のロシア体験は桂川甫周がまとめた。

○亀井高孝 校訂『北槎聞略――大黒屋光太夫ロシア漂流記』岩波文庫、岩波書店、一九九〇年。に詳しい。伝記は、

○亀井高孝『大黒屋光太夫』歴史人物叢書、吉川弘文館、一九六四年。

光太夫のロシア体験を小説にしたのが、次の本である。

○井上　靖『おろしや国酔夢譚』文芸春秋社、一九六八年。

当時の雪と気象のかかわりについては、次の二書に教えられることが多い。

○鈴木牧之『北越雪譜』野島出版、一九七〇年（これについては、岡田武松校訂による岩波文庫版がある）。

○土井利位『雪華図説』『続雪華図説』（小林禎作 訳・解説）、築地書館、一九八二年。

現代における雪の研究については、

○中谷宇吉郎『雪』岩波新書、岩波書店、一九三八年。

○U. Nakaya, *Snow Crystals*, Harvard University Press, 1954.

北海道開発と関係して名前がでてきた伊能忠敬については、

○小島一仁『伊能忠敬』三省堂選書、三省堂、一九七八年。

○Ryokichi Otani, *Tadataka Ino : The Japanese Landsurveyor*, Iwanami Shoten Publishers, 1932.

シーボルト事件については、

○呉　秀三『シーボルト先生 1〜3』東洋文庫103・115・117、平凡社、一九七二年。

〈気候変動〉

小氷河期の気候については、既出のグローヴの大著をみられたい。小氷河期も含めた気候の長期変動については、ラムによる二巻の大著がある。

○H. H. Lamb, *Climate : Present, Past and Future*, Vol. 1 : *Fundamentals and Climate Now*, Methuen, 1972.

○H. H. Lamb, *Climate : Present, Past and Future*, Vol. 2 : *Climatic History and the Future*, Methuen, 1977.

気候変動を概観するには、次の本がよい。

○N. Calder, *Weather Machine*, Viking, 1974.

○C. E. P. Brooks, *Climate through Ages*, Dover, 1970.

太陽活動の面から、小氷河期について考察した本がある。

○桜井邦朋『太陽黒点が語る文明史』中公新書、中央公論社、一九八六年。

○桜井邦朋『歴史を変えた太陽の光』科学技術の最前線4、あすなろ書房、一九八八年。

ヴァイキングのグリーンランド、北アメリカの進出と撤退については、

○B. S. John, *The Ice Age : Past and Present*, Collins, 1977.

○山本武夫『気候が語る日本の歴史』そしえて、一九七六年。

北アメリカのブドウについては、

○*The Vinland Sagas—The Norse Discovery of America*, Penguin Books, 1965.

マウンダー極小期におけるテームズ川の結氷については、

○R. Latham, *The Illustrated Pepys : Extracts from the Diary*, University of California Press, 1978.

がある。この本は、サミュエル・ピープスの『日記』の一部を解読して解説し、当時描かれた絵を多数取り入れて作られている。翻訳だが。

○R・J・ミッチェル、M・D・R・リーズ、松村　赳訳『ロンドン庶民生活史』みすず書房、一九七一年。

に、十九世紀初めのテームズ川の氷結が描かれている。

本書で扱っている時期の北アメリカの気候については、

○H. Stommel and E. Stommel, *Volcano Weather : The Story of 1816, the Year Without Summer*, Seven Seas Press, 1983.

ブドウの作柄については、

○E・ル・ロア・ラデュリー、稲垣文雄訳『気候の歴史』藤原書店、二〇〇〇年。

当時のフランス農民の生活状況については、ルフェーブル（G. Lefevre）の著書をみられたい。

○G・ルフェーブル、高橋幸八郎・柴田三千雄・遅塚忠躬訳『一七八九年―フランス革命序論』岩波文庫、岩波書店、一九九八年。

○G. Lefevre, *The Great Fear of 1789 : Rural Panic in Revolutionary France*, Schocken Books, 1973.

また、〈自然と人間〉のところで引用したラム（H. H. Lamb）の本もみられたい。じゃがいもの作柄についても、このラムの本に記載がある。アイルランドにおけるじゃがいもの疾病と飢饉については、次の本がある。

○C. Woodham-Smith, *The Great Hunger : Ireland 1845-1849*, Harper and Row, 1962.

衣服のデザインについて、"Bosom friend" という表現は、〈自然と人間〉にあげたラムの著書に出ている。

革命の時代についての著書として忘れてならないのは、次の二著であろう。

○C. Brinton, *The Anatomy of Revolution*, W.W. Norton, 1938.

○ハンナ・アーレント、志水速雄訳『革命について』ちくま学芸文庫、筑摩書房、一九九五年。

フランス革命については、前出のルフェーブルの本をみられたい。

ヴァンデの反乱については、

○森山軍治郎『ヴァンデ戦争――フランス革命を問い直す』筑摩書房、一九九六年。

フランス革命と産業革命の時代に関するホブズボームの本は、

○E・J・ホブズボーム、安川悦子・水田　洋訳『市民革命と産業革命――二重革命の時代』岩波書店、一九六八年。

〈フランス革命と気候〉

フランス革命は、市民（Citizen）とよばれる人びとを生みだした。市民の成立については、次の大著をみられたい。

○S. Schama, *Citizens : A Chronicle of the French Revolution*, Penguin Books, 1989.

ヴァンデの反乱に取材したユゴーの作品は、

○V・ユゴー、辻 昶訳『九十三年』岩波文庫上・中・下、岩波書店、一九五四・六一・六四年。

フランス革命の概説書には、私自身納得して読めるものがない。だが、次の二書を上げる。

○A・マチエ、ねづまさし・市原豊太訳『フランス大革命』岩波文庫上・中・下、岩波書店、一九五八・五九年。

○A・ソブール、小場瀬卓三・渡辺淳訳『フランス革命』岩波新書上・下、岩波書店、一九五三・八一年。

革命当時の農村の現実については、既出のルフェーブルの著書に詳しい。

ノイマンの調査結果は、次の論文に出ている。

○J. Neumann, "Great historical events that were significantly affected by the weather : 2, The year leading to the revolution of 1789 in France", *Bulletin American Meteorol. Soc.* **58**, 162, 1977.

当時の税制については、

○A・トクヴィル、井伊玄太郎訳『アンシャン・レジームと革命』学術文庫、講談社、一九九七年。

ナポレオンの台頭とモスクワ遠征については、次の伝記に詳しい。

○R. B. Asprey, *The Rise and Fall of Napoleon Bonaparte*, Vol.2 : *The Fall*, Little Brown, 2001.

〈十九世紀初頭のイギリス〉

小氷河期については、既出の文献、グローヴの大著をみられたい。

ハーメルンの笛吹き男については、私の本（『太陽黒点が語る文明史』既出）でふれたことがある。童話としてよく知られているこの話については、詳しい研究がなされている。次の本が詳しい。

○阿部謹也『ハーメルンの笛吹き男――伝説とその世界』平凡社、一九七四年（後に、ちくま文庫版として復刊）。

ペストの流行史については、次の本をみられたい。

○P. Ziegler, *The Black Death*, Penguin Books, 1969.

ボッカチオの『デカメロン』には、いく種類かの日本語版がある。どれでもよいからみられれば、一三四八年から始まるペストの大流行について知ることができる。さきのツィーグラーの本にも出ている。

ニュートンがペストの流行を逃れるために、一六六四年から六六年にかけて生まれ故郷のウールスソープへ行っており、物理学上の大発見がそこでなされたことについてはあまり知られていない。私の本（『太陽黒点が語る文明史』）では、ふれている。ニュートンの伝記はたくさんあるが、一つだけあげる。

○島尾永豪『ニュートン』岩波新書、岩波書店、一九七九年。

産業革命と市民革命とのかかわりについては、既出のホブズボームの本をみられたい。ディケンズについては、

○G. K. Chesterton, *Charles Dickens*, Methuen, 1906.

○海老池俊治『チャールズ・ディケンズ』新英米文学評伝叢書、研究社、一九六〇年。

タンボラ山の噴火と夏の来なかった年については、ストンメル（H. and E. Stommel）の本に詳しい。本書で取り上げた期間の人口については、ラムの大著（「気候変動」の章の冒頭に引用）をみられたい。

〈オースティンの『エマ』は語る〉

ジェイン・オースティンの伝記はたくさんある。私の手許にあるのは次の四つの本である。

○C. Tomalin, *Jane Austen : A Life*, Viking, 1997.

○P. Honan, *Jane Austen : Her Life* (Revised and Updated), Phoenix, 1997.

○W. Austen-Leigh and R. D. Austen-Leigh, *Jane Austen : A Family Record*, Barnes and Noble, 1989.

○大島一彦『ジェイン・オースティン――「世界一平凡な大作家」の肖像』中公新書、中央公論社、一九九七年。

本文中に引用した乳幼児の死亡率については、右のトマリン（Tomalin）の本をみられたい。『エマ』の中にでてくるリンゴの開花についての記載は、『エマ』*Emma*（Penguin Books）の二九八ページにある。兄エドワードの質問は、ホーナン（Honan）の伝記にでてくる。『エマ』の文章に対する注釈は遺族による伝記（W. and R. D. Austen-Leigh）に出ている文章が、さきのPenguin Books版の四〇九ページにでている。“Notorious mistake…”とされたのには、ジェインもびっくりであろう、すでにこの世の人ではなかったが――。

冷たい夏の風俗については、〈自然と人間〉にあげたラムの本をみられたい。

〈一八〇〇年前後のヨーロッパ〉

アルプス氷河の動きについては、既出のジョン（John）の本か、ル・ロア・ラデュリーの本をみられたい。氷河に対する物理学的な扱いは、

○A. Holms, *Principles of Physical Geology*, 2nd ed., Nelson, 1965.

科学的な方法による気候変動の研究技術については、既出のN・コールダーの本が参考になる。放射性炭素による手法については、

○木越邦彦『年代測定法』紀伊国屋書店、一九六五年。

○H. C. Fritts, *Tree Rings and Climate*, Academic, 1978.

宇宙線の気象に及ぼす影響については、次の論文をみられたい。

○H. Svensmark and E. Friis-Christensen, "Variation of cosmic ray flux and global cloud coverage-a missing link in solar-climate relationship" *Atmospheric Terrestrial Physics*, **59**, 1225, 1997.

○K. S. Carslaw, R. G. Harrison and J. Kirby "Cosmic rays, clouds, and climate," *Science*, **298**, 1732, 2001.

モスクワのナポレオンについては、既出のアスプレーの伝記をみよ。いくつかの章に分けて詳しく語られている。ほかに短いものでは、

○井上幸治『ナポレオン』岩波新書、岩波書店、一九五七年。

がある。モスクワ遠征については、トルストイの作品『戦争と平和』（岩波文庫1〜4）に詳しい描写があるので、参照されたい。

また、ナポレオンとアレクサンドル一世との戦争については、

○アンリ・トロワイヤ、工藤庸子訳『アレクサンドル一世』中公文庫、中央公論社、一九八八年。

この本の中にでてくるシュワブル・グフィエ伯爵夫人の『回想録』からの引用が、本文中でなされている。

ゲーテが憧れたイタリアについては、彼の『イタリア紀行』（ゲーテ全集11、潮出版社、一九七九年）をみられたい。色彩研究については、英訳版がある。

○M. Goethe, *Theory of Colours*, MIT Press, 1970.

最近、日本語による全訳版（『色彩論』工作舎）が出たが、私はまだ見ていない。一部分訳は二種類ある。ゲーテの色彩研究に対するヴェルナー・ハイゼンベルクの見解には、次のようなものがある。

○W・ハイゼンベルク、田村松平訳「現代物理学に照らしてみたゲーテの色彩論とニュートンの色彩論」『自然科学的世界像』みすず書房、一九五三年、八八ページ。

また、

○W・ハイゼンベルク、菊地栄一訳「ゲーテの自然像と技術・自然科学の世界」『朝日ジャーナル』一九六七年六月四日号。

光学に対するゲーテの理解については、私の本、『太陽――研究の最前線に立ちて』（サイエンス社、

一九八六年）の第二話をみられたい。

風景画が描きだす気候の状態については、〈自然と人間〉であげたラムの本がよい。また、風景画論としては、

○ K. Clark, *Landscapes into Art*, Penguin Books, 1949.（クラーク、佐々木英也訳『風景画論』岩崎美術社、一九六七年と題した翻訳がある）

この著者の見方は、ラムとちがっているが、当然のことながら、ラムの方が正しい。

印象派の成立については、

○ P. Pool, *Impressionism*, Thames and Hudson, 1985.

○ M・セリュラス、平岡　昇・丸山尚一訳『印象派』文庫クセジュ、白水社、一九六二年。

ニュートン自身の光学に関する著作 *Opticks* には、Dover 版がある（一九五二年）。

〈気候の寒冷化は何がひき起こしたか〉

気候変動の歴史を科学的に探る手段には、同位体を用いるものがある。重水素や酸素の重い同位体を使う。また、放射性炭素も利用される。

気候変動に対する太陽の役割については、最近詳しい検討がなされるようになった。たとえば、

○ D. Rine, “The sun’s role in climatic variations”, *Science*, **296**, 673, 2002.

○ T. L. Plukkinen et al., “The sun-earth connection in time scales from years to decades and centuries”, *Space Science Reviews*, **95**, 625, 2001.

私自身も、今までにいくつか書いているが、たとえば、

○桜井邦朋『文明と環境』第一巻 地球と文明の周期、朝倉書店、一九九五年、二六ページ。
○桜井邦朋「過去二〇〇〇年にわたる太陽活動の長期変動」『気象研究ノート』第一九一号、一九九八年、一〇七ページ。

火山噴火と気候の関連については、次を参照されたい。

○ A. Robock and M. P. Free, *Volcanism as a forcing factor for climatic change of the past 2000 years*『気象研究ノート』一九一号、一九九八年、一一五ページ。

著者紹介

一九三三年、埼玉県に生まれる

一九五六年、京都大学理学部卒業

現在、神奈川大学工学部教授

主要編著書

宇宙線物理学〈編著〉　宇宙には意志がある　天才たちの宇宙像　天体物理学の基礎　人はなぜ夜空を見上げるのか

歴史文化ライブラリー
161

夏が来なかった時代
歴史を動かした気候変動

二〇〇三年（平成十五）九月一日　第一刷発行

著　者　桜《さくら》井《い》邦《くに》朋《とも》

発行者　林　英　男

発行所　株式会社 吉川弘文館

東京都文京区本郷七丁目二番八号

郵便番号一一三―〇〇三三

電話〇三―三八一三―九一五一〈代表〉

振替口座〇〇一〇〇―五―二四四

印刷＝平文社　製本＝ナショナル製本

装幀＝山崎　登

ISBN4-642-05561-4

歴史文化ライブラリー

1996.10

刊行のことば

現今の日本および国際社会は、さまざまな面で大変動の時代を迎えておりますが、近づきつつある二十一世紀は人類史の到達点として、物質的な繁栄のみならず文化や自然・社会環境を謳歌できる平和な社会でなければなりません。しかしながら高度成長・技術革新にともなう急激な変貌は「自己本位な刹那主義」の風潮を生みだし、先人が築いてきた歴史や文化に学ぶ余裕もなく、いまだ明るい人類の将来が展望できていないようにも見えます。このような状況を踏まえ、よりよい二十一世紀社会を築くために、人類誕生から現在に至る「人類の遺産・教訓」としてのあらゆる分野の歴史と文化を「歴史文化ライブラリー」として刊行することといたしました。

小社は、安政四年(一八五七)の創業以来、一貫して歴史学を中心とした専門出版社として書籍を刊行しつづけてまいりました。その経験を生かし、学問成果にもとづいた本叢書を刊行し社会的要請に応えて行きたいと考えております。

現代は、マスメディアが発達した高度情報化社会といわれますが、私どもはあくまでも活字を主体とした出版こそ、ものの本質を考える基礎と信じ、本叢書をとおして社会に訴えてまいりたいと思います。これから生まれでる一冊一冊が、それぞれの読者を知的冒険の旅へと誘い、希望に満ちた人類の未来を構築する糧となれば幸いです。

吉川弘文館

歴史文化ライブラリー

文化史・誌

考古学

歴史文化ライブラリー

縄文の実像を求めて——今村啓爾
三角縁《さんかくぶち》神獣《しんじゅう》鏡《きょう》の時代——岡村秀典
邪馬台国の考古学——石野博信
吉野ヶ里遺跡 保存と活用への道——納富敏雄
交流する弥生人 金印国家群の時代の生活誌——高倉洋彰
銭の考古学——鈴木公雄
太平洋戦争と考古学——坂詰秀一

古代史

魏志倭人伝《ぎしわじんでん》を読む 上 邪馬台国への道——佐伯有清
魏志倭人伝を読む 下 卑弥呼と倭国内乱——佐伯有清
日本語の誕生 古代の文字と表記——沖森卓也
〈聖徳太子〉の誕生——大山誠一
大和の豪族と渡来人 葛城・蘇我氏と大伴・物部氏——加藤謙吉
飛鳥の朝廷と王統譜——篠川 賢
飛鳥の文明開化——大橋一章
悲運の遣唐僧 円載の数奇な生涯——佐伯有清
遣唐使の見た中国——古瀬奈津子
奈良朝の政変劇 皇親たちの悲劇——倉本一宏
最後の女帝 孝謙天皇——瀧浪貞子
万葉集と古代史——直木孝次郎
平安京の都市生活と郊外——古橋信孝
天台仏教と平安朝文人——後藤昭雄
平安朝 女性のライフサイクル——服藤早苗
藤原摂関家の誕生 平安時代史の扉——米田雄介

歴史文化ライブラリー

蓮　如――金龍　静
歴史の旅　武田信玄を歩く――秋山　敬
鉄砲と戦国合戦――宇田川武久
ザビエルの同伴者　アンジロー　戦国時代の国際人――岸野　久
海賊たちの中世――金谷匡人

近世史

江戸御留守居役　近世の外交官――笠谷和比古
隠居大名の江戸暮らし　年中行事と食生活――江後迪子
江戸時代の孝行者　「孝義録」の世界――菅野則子
近世の百姓世界――白川部達夫
百姓一揆とその作法――保坂　智
江戸の旅人たち――深井甚三
近世おんな旅日記――柴　桂子
京のオランダ人　阿蘭陀宿海老屋の実態――片桐一男
葛飾北斎――永田生慈
北斎の謎を解く　生活・芸術・信仰――諏訪春雄
江戸の職人　都市民衆史への志向――乾　宏巳
江戸と上方　人・モノ・カネ・情報――林　玲子
江戸店《だな》の明け暮れ――林　玲子
エトロフ島　つくられた国境――菊池勇夫
災害都市江戸と地下室――小沢詠美子
道具と暮らしの江戸時代――小泉和子
都市図の系譜と江戸――小澤　弘
葬式と檀家――圭室文雄

歴史文化ライブラリー

幕末民衆文化異聞 真宗門徒の四季 ―― 奈倉哲三
江戸の風刺画 ―― 南 和男
幕末維新の風刺画 ―― 南 和男
黒船来航と音楽 ―― 笠原 潔

近・現代史

水戸学と明治維新 ―― 吉田俊純
大久保利通と明治維新 ―― 佐々木 克
横井小楠 その思想と行動 ―― 三上一夫
福沢諭吉と福住正兄《ふくずみまさえ》 世界と地域の視座 ―― 金原左門
日赤の創始者 佐野常民《つねたみ》 ―― 吉川龍子
文明開化と差別 ―― 今西 一
天皇陵の近代史 ―― 外池 昇
浦上キリシタン流配事件 キリスト教解禁への道 ―― 家近良樹
宮武外骨《みやたけがいこつ》 民権へのこだわり ―― 吉野孝雄
森 鷗外 もう一つの実像 ―― 白崎昭一郎
公園の誕生 ―― 小野良平
軍備拡張の近代史 日本軍の膨張と崩壊 ―― 山田 朗
日露戦争の時代 ―― 井口和起
啄木短歌に時代を読む ―― 近藤典彦
東京都の誕生 ―― 藤野 敦
町火消たちの近代 東京の消防史 ―― 鈴木 淳
鉄道と近代化 ―― 原田勝正
会社の誕生 ―― 高村直助
近現代日本の農村 農政の原点をさぐる ―― 庄司俊作

歴史文化ライブラリー

東京大学物語 まだ君が若かったころ――中野　実
子どもたちの近代 学校教育と家庭教育――小山静子
海外観光旅行の誕生――有山輝雄
関東大震災と戒厳令――松尾章一
モダン都市の誕生 大阪の街・東京の街――橋爪紳也
マンガ誕生 大正デモクラシーからの出発――清水　勲
第二次世界大戦 現代世界への転換点――木畑洋一
日中戦争と汪兆銘《おうちょうめい》――小林英夫
文学から見る「満洲」「五族協和」の夢と現実――川村　湊
特務機関の謀略 諜報とインパール作戦――山本武利
強制された健康 日本ファシズム下の生命と身体――藤野　豊
皇軍慰安所とおんなたち――峯岸賢太郎
国民学校 皇国の道――戸田金一
学徒出陣 戦争と青春――蜷川壽惠
太平洋戦争と歴史学――阿部　猛
紙　芝　居 街角のメディア――山本武利
甲子園野球と日本人 メディアのつくったイベント――有山輝雄
闘う女性の20世紀 地域社会と生き方の視点から――伊藤康子
女性史と出会う――総合女性史研究会編
丸山真男の思想史学――板垣哲夫

民俗学・人類学

日本人の誕生 人類はるかなる旅――埴原和郎
歴史と民俗のあいだ 海と都市の視点から――宮田　登
神々の原像 祭祀の小宇宙――新谷尚紀